Ulrich Walter

Die verrückte Welt der Physik

Ulrich Walter

Die verrückte Welt der Physik

Astronaut Ulrich Walter erklärt fast alles

KOMPLETTMEDIA

Originalausgabe
1. Auflage 2022
Verlag Komplett-Media GmbH
2022, München
www.komplett-media.de
ISBN: 978-3-8312-0601-8
Auch als E-Book erhältlich
Lektorat: Redaktionsbüro Diana Napolitano, Augsburg
Korrektorat: Anya Lothrop
Umschlaggestaltung: FAVORITBUERO, München
Satz und Layout: Buch-Werkstadt GmbH, Bad Aibling
Druck & Bindung: GGP Media GmbH, Pößneck

Gedruckt in Germany

INHALT

Unsere Welt – einfach verrückt! 9

FASZINATION WISSENSCHAFT 13

Wir haben aufgehört zu träumen 15

Mythos »Halbwertszeit des Wissens« 19

Fällt er oder fällt er nicht? Ein Bleistift auf dem Mond. 25

Wer fliegt schneller – Dicke oder Dünne? 33

Flug zum Mittelpunkt der Erde 39

VERRÜCKTE PHYSIK IM KLEINEN 45

Das »göttliche« Higgs-Teilchen 47

Stringtheorie für Anfänger 53

Von Tachyonen und dem restlichen Teilchenzoo 61

So funktionieren Tachyonen 67

Gibt es Tachyonen? 73

Manches geht schneller als Licht! 79

Kann es ein Perpetuum mobile geben? 87

AUCH UNSERE NATUR
KANN VERRÜCKT SEIN 93

Warum der Mond zwei Fluten macht, statt nur eine 95

Bye bye, Mond! 101

Warum ist die Erde blau? 107

Das Geheimnis des grünen Blitzes 113

Trotzen Hummeln der Physik? 119

Was ist Epigenetik? 127

VERRÜCKTE PHYSIK IM GROSSEN 133

Außerirdisches Leben im Sonnensystem? 135

Was passiert bei Supermond
und Mondtäuschung wirklich? 141

Einsteins spukhafte Fernwirkung 147

Die Dunkle Materie bleibt dunkel 153

Vielleicht doch ein Durchbruch bei der Dunklen Materie? 159

TECHNIK IM ALLTAG 165

Was eine Brennstoffzelle kann – und was nicht 167

Das Heizkostenspar-Paradox 173

Das sollte man über LED-Lampen wissen 179

Was Fahrverbote gegen Feinstaub wirklich bringen 187

StratEx Alan schlägt Stratos Felix 193

WISSENSCHAFT IM ALLTAG 197

Warum Eis glatt ist 199

Warum heißes Wasser schneller gefriert als kaltes 205

Warum Flugzeuge fliegen – Auftrieb durch Abwind 213

Warum Flugzeuge fliegen – Die Physik des Auftriebs 219

Was Sie garantiert noch nicht über Strom wussten 225

Spieglein, Spieglein an der Wand 231

Warum man vor Mikrowellen keine Angst haben muss. 237

Harte Wellenstrahlung – jetzt wird's gefährlich. 241

Achtung Strahlung? – Teilchenstrahlung 245

Warum wir alle falsch zählen 251

So berechnet man Fußballergebnisse 257

Die Grenzen der Wissenschaft 263

Autorenvita 269

UNSERE WELT –
EINFACH VERRÜCKT!

»Unsere Sehnsucht nach Verstehen ist ewig.«
Diese Worte Albert Einsteins (1879–1955) teilen wir alle.
Und wir glauben, wenn die Menschheit nur lange genug
nachforscht, werden wir irgendwann alles verstehen.
Dem wird nie so sein, aus mehreren Gründen.

Bereits 1931 bewies der österreichische Mathematiker Kurt Gödel (1906–1978) mit seinem Gödelschen Unvollständigkeitssatz, dass wir die Welt nie vollständig verstehen werden. Des Pudels Kern liegt darin, dass es wissenschaftliche Aussagen geben kann, die weder beweisbar noch widerlegbar sind. Wir werden also auf gewisse Fragen an die Natur (einfache wie auch knifflige) nie eine wahre Antwort finden können. Eine dieser Fragen behandle ich im letzten Kapitel dieses Buches, *Die Grenzen der Wissenschaft* (siehe Seite 263 ff.).

Unser Verstehenkönnen ist geprägt von unserer Erfahrung der Welt. Wir können intuitiv verstehen, warum man mit dem Schlag eines Hammers eine Glasscheibe zerschmettern kann – er ist hart und schwer, und Glas ist brüchig –, und wir haben es oft genug gesehen. Wenn wir uns fragen, warum ein gleich schwerer Gummiball, mit derselben Kraft gegen die Glasscheibe geworfen, sie nicht zertrümmert, ist uns das auch klar: Weil er weich ist.

Aber warum macht weich und hart den entscheidenden Unterschied? Die wissenschaftliche Antwort lautet: Weil $F = m \cdot \Delta v / \Delta t$.

Dies ist das zweite Newtonsche Gesetz. Hier verliert sich das Verständnis eines Nicht-Wissenschaftlers. Es ist meine Aufgabe, dem Leser dieses Buches das physikalische Verständnis auf dieser Ebene näherzubringen. Die Erklärung ist: Wenn ein Gegenstand durch das Auftreffen auf die Glasscheibe abgebremst wird, ändert sich seine Geschwindigkeit v sehr schnell und drastisch. Durch den Aufprall wird in kürzester Zeit aus einer Bewegung nach vorn eine Bewegung zurück. Dies drückt man mathematisch mit der Geschwindigkeitsänderung Δv aus. »Hart« bedeutet, die Geschwindigkeitsänderung passiert in sehr kurzer Zeit, typischerweise in einigen Mikrosekunden, also $\Delta t \approx 1/100.000$ s. Ein weicher Ball hingegen wird weiter eingedrückt, was länger dauert, und springt daher »erst« nach einigen Millisekunden wieder zurück: $\Delta t \approx 1/100$ s. Das zweite Newtonsche Gesetzt besagt nun, dass die Kraft F, die bei ansonsten gleichen Rückprallereignissen erzeugt wird, umso größer ist, je kleiner die Rückprallzeit ist.

Daraus folgt: Harte Gegenstände erzeugen beim Aufschlag eine größere Kraft als weiche. Wenn diese Kraft auf eine Glasscheibe die Bindungskraft zwischen den Atomen überschreitet, dann zerspringt sie. Aus demselben Grund zerbricht ein Trinkglas, wenn es auf eine Steinfliese fällt und bleibt unversehrt, wenn es auf ein Polster fällt.

Die nächste Verständnisebene wäre: Warum gilt das zweite Newtonsche Gesetz? Der Grund ist die Trägheit aller Dinge in unserer Welt. Was ist Trägheit, und woher kommt sie? Durch das Higgsfeld (siehe Kapitel *Das »göttliche« Higgs-Teilchen* Seite 47 ff.). Was ist das Higgsfeld? Das weiß bis heute kein Mensch. Offensichtlich wird mit jeder tieferen Verständnisebene die Erklärung komplizierter, bis keiner mehr eine Erklärung hat. Dann helfen nur noch mathematische Formeln weiter, die zwar von Experimenten bestätigt werden, die man aber als Mensch nicht mehr versteht.

So wissen wir heute, dass zwei Lichtteilchen über beliebig

große Entfernung – etwa zwischen weit voneinander entfernten Sternen – miteinander gekoppelt sein können (man sagt »verschränkt« sind), sodass eine Änderung eines Lichtteilchens das andere instantan (also ohne zeitlichen Verzug!) entsprechend ändert. Das widerspricht unserer intuitiven Erfahrung, weshalb wir es nicht verstehen – nie wirklich verstehen können. Aber wir haben mit der Quantenmechanik das mathematische Werkzeug, diese seltsame Verschränkung zu beschreiben, und wir haben sie experimentell bestätigt. Selbst Einstein sprach hier von spukhafter Fernwirkung und wollte sie sein Leben lang nicht wahrhaben. Aber wir wissen heute, so funktioniert unsere Welt. Sie ist wirklich verrückt!

Wissenschaft ist also wie der Turmbau zu Babel. Wir wollen mit jedem weiteren Stein, den wir dem Turm der Wissenschaften hinzufügen, den ewigen Wahrheiten des Universums dort oben näherkommen, aber wir werden nie ein Ende erreichen.

Bei einem Turmbau ist es wichtig, die richtigen Fachleute ranzulassen, sonst fällt er irgendwann um. Es gibt immer Schlauberger, die glauben, komplizierte Dinge einfach erklären zu können. Bei einem guten Vergleich, der auch analogisch stimmt, ist das manchmal sogar möglich. Aber, obwohl die meisten Analogien intuitiv richtig erscheinen, weshalb sie gern benutzt werden, sind sie oft falsch.

Daher gilt: In unserer komplizierten Welt ist eine Erklärung, die zwar schwer zu verstehen ist, aber zumindest irgendwie logisch erscheint, wahrscheinlich näher an der Wahrheit als jede einfache naive Erklärung. Oder umgekehrt: Jede einfache Erklärung unserer komplizierten Welt kann nicht richtig sein. So gibt es zwar eine allseits bekannte, einfache Erklärung, wie unsere Welt in sieben Tagen entstand, trotzdem ist die sehr komplizierte wissenschaftliche Theorie des Urknalls mit all ihren schwer verständlichen Inflationsszenarien sicherlich näher an der Wahrheit. Diese grundlegende Erfahrung spiegelt sich im Aphorismus des amerikanischen Publizisten Henry Louis Mencken (1880–1956) wider: »Für jedes komplexe Problem gibt es eine Lösung, die einfach, bestechend – und falsch ist.«

Mit Nichtverstehen leben können

Egal, wie genau ich in diesem Buch versuche, Ihnen die verrückte Physik zu erklären, es gibt immer eine Grenze. Zunächst die, jenseits der Sie nicht mehr verstehen, und dann die, wo selbst Wissenschaftler sich an den Kopf schlagen. Beide Grenzen sind individuell, aber es gibt sie immer. Wir alle müssen lernen, mit diesem Nichtverstehen leben zu können.

Meine Lektorin meinte an verschiedenen Stellen in diesem Buch, ich würde Ihnen bei manchen Erklärungen eine harte Kost zumuten. Sie hat sicherlich recht. Dieses Buch ist der Versuch, die sehr kompliziertere Physik so weit zu vereinfachen, dass der Leser wenigstens einen Schimmer davon versteht und sich mit seinem beschränkten Wissen wie alle nicht vollständig verstehenden Physiker vor der trotzdem großartigen Physik unseres Universums verneigt.

Dieses Buch setzt Physik-Schulwissen voraus. Die Physik, die darüber hinaus geht und nur randständig ist, kann durch Artikel, auf die in Fußnoten hingewiesen wird, nachgelesen werden. Fachliche Begriffe, die in diesem Buch unerklärt bleiben, können wortwörtlich im deutschen Wikipedia nachgeschlagen werden.

FASZINATION WISSENSCHAFT

»Wir sind hier in diesem ganz und gar fantastischen
Universum und haben kaum eine Ahnung davon,
ob unser Dasein eine wirkliche Bedeutung hat.«

Fred Hoyle (1915–2001)
Britischer Astronom

WIR HABEN AUFGEHÖRT ZU TRÄUMEN

»I have a dream ...«
So begann Martin Luther King (1929–1968) im Jahr 1963
in Washington seine berühmt gewordene Rede
um mehr Bürgerrechte für Afroamerikaner.

Wir alle haben Träume. Träume und Neugier sind die entscheidenden Antriebe unseres Tuns. Als Mr. Spock gefragt wurde, warum die Menschen trotz aller Gefahren in den Weltraum fliegen, antwortete er schlicht: »Neugier, nichts als schiere Neugier.«

Die 1960er- und 1970er-Jahre waren voller Träume und Neugier. Unsere Gesellschaft wurde damals auf den Kopf gestellt. Wir taten Dinge, die so ganz anders waren. Wir waren diejenigen, vor denen uns unsere Eltern gewarnt hatten: Rockmusik, lange Haare, Leben in Kommunen. Wir träumten und hatten damit die Zukunft in unseren Händen. Aber das betraf nicht nur die Jugend. Nach und nach wurde die ganze Gesellschaft von diesem Traum, mehr zu erreichen, indem man Dinge eben einfach anders macht, infiziert.

Der Aufbruch in den Weltraum und der Flug zum Mond waren Massenereignisse aller Weltbürger. Herztransplantationen, Autos als Zeichen von Lebensfreude, Telefon, Fernsehübertragungen durch Fernsehsatelliten, Video- und Telekonferenzen usw. Zudem schmolz die Welt damals zusammen. Es gab eine

globale Aufbruchstimmung mit dem gemeinsamen Traum einer
besseren Zukunft durch Gleichheit und technischen Fortschritt.
Das bewegte die Menschen bis in die Mitte der 1980er-Jahre.

Seitdem sind wir ängstlicher um unsere Zukunft geworden.
Ich wage eine Erklärung: Wir sind alt und satt. »Besitzstands-
wahrung« (welch ein gestelztes Wort, das es nur im Deutschen
gibt) hat um sich gegriffen. Um Gottes willen, bitte keine Veränderungen! Alles soll so bleiben, wie es ist. Wir träumen nicht
mehr von einer besseren Zukunft, sondern ergötzen uns an unserer angeblich großartigen Vergangenheit und identifizieren uns
mit ihr. Deutschland, das Land von Bach, Bier und Beethoven.
Museen schießen in Deutschland wie Pilze aus dem Boden. Ihre
Zahl hat sich seit den 1980er-Jahren auf etwa 6000 verdoppelt.
Unser wohlgemeinter Humanismus, basierend auf alten griechischen Wertvorstellungen, lässt uns nur noch zurückschauen und
nicht nach vorn.

Hermann Oberth (1894–1989), der Vater der deutschen
Raumfahrt, drückte es einmal so aus: »Meine humanistische
Ausbildung erinnert mich an einen Autofahrer, der nach vorn
nur ganz schwache Lichter hat, der dafür aber den Weg hinter
sich mit Schweinwerfern taghell beleuchtet.« Unterricht in Physik und Biologie (Unterricht in Technik und Handwerk findet
sowieso nicht statt, weil seit den Griechen vom Humanismus ge-
ächtet) wird geopfert für Latein. Latein! Wer zum Teufel braucht
heute noch Latein?

Wir, und insbesondere unsere Jugend, sollten uns um unsere
Zukunft sorgen, denn wir werden den Rest unseres Lebens darin
verbringen. Und »Die Antworten zu unseren Problemen kommen aus der Zukunft und nicht von gestern«, so Frederic Vester
(1925–2003), Biochemiker und Mitglied des Club of Rome.

Wir können unsere Welt verbessern. Die entscheidenden Mittel dazu waren und sind Wissenschaft und Technik. Der Wohl-

stand unserer heutigen Gesellschaft basiert ganz entscheidend auf dem Fortschritt von Wissenschaft und Technik. Wie sähe unser Leben aus ohne Handys, Flugzeuge, Fernsehsatelliten, Autos ... you name it? Der Traum von einer besseren Zukunft ist der Traum, die heutigen Grenzen zu überschreiten und bessere Verhältnisse zu schaffen, indem wir Dinge wieder anders tun.

»Fortschritt ist nur möglich, wenn man intelligent gegen die Regeln verstößt« (Boleslaw Barlog, 1906–1999, Regisseur und Intendant). Aber in unserer gänzlich verregelten Welt, wer erlaubt sich da noch, intelligent (und dies ist der zentrale Punkt) gegen Regeln zu verstoßen? Gerade wir Deutschen! Andere Nationen können nur über uns schmunzeln, wenn wir sonntagnachts eine leer gefegte Straße überqueren wollen und geduldig warten, bis die Fußgängerampel nach Minuten auf Grün schaltet.

In diesem Buch geht es darum, in Ihnen wieder die Freude zu erwecken, hinter die Dinge zu sehen, sie verstehen zu wollen – und damit vielleicht anders zu machen, für eine bessere Zukunft.

Ich habe versucht, die Erklärungen so einfach wie möglich zu halten. Es gibt da aber eine untere Grenze der Einfachheit. Einstein hat dies in seinem unnachahmlichen Humor einmal so formuliert: »Eine Theorie sollte so einfach wie möglich sein, jedoch nicht einfacher.«

Wer verstehen will, muss neugierig sein und träumen können. Das sind im Wesentlichen die Triebfedern für den Fortschritt unserer Zivilisation. Lassen Sie uns wieder neugierig sein und träumen!

»Wenn ich weiter gesehen habe als andere,
so deshalb, weil ich auf den Schultern
von Giganten stand.«

Isaac Newton (1643–1727)
Englischer Physiker, Astronom und Mathematiker

MYTHOS »HALBWERTSZEIT DES WISSENS«

Der Mythos der Halbwertszeit unseres Wissens
durchzieht unsere Gesellschaft. Was heute gilt,
kann morgen schon falsch sein. Je mehr Erkenntnisse,
desto schneller verlieren sie ihre Gültigkeit.

Weniger die Wissenschaftler selbst als vielmehr die Geistes-
wissenschaftler proklamieren diesen Verfall des Wissens.

So hieß es im Feuilleton der Wochenzeitung *Die Zeit* im Au-
gust 2001: »Angesichts der rapide sinkenden Halbwertszeit des
Wissens in einer sich immer rascher transformierenden Welt
steht jeder Großentwurf [philosophischer Theorien] vor der Not-
wendigkeit und zugleich Unmöglichkeit, sein morgiges Schick-
sal als intellektuelle Mode von gestern ins eigene Theoriedesign
einzubauen.«

Hier werden modische Schlagworte ungeprüft auf Sinn und
Bedeutung durch den Fleischwolf gedreht und zur gefälligen
Bratwurst verarbeitet. Das Ganze mit einem Anstrich von in-
tellektuellem Ketchup. Unsere Welt ändert sich rasend, warum
nicht auch unser Wissen? Klingt logisch, also wird es auch wahr
sein.

Ein gravierender Irrtum! Wissenschaftliche Erkenntnisse
vergehen nicht und werden nicht alle paar Jahre über den Haufen geworfen. Sie sind – von gelegentlichen Irrtümern einmal abgesehen – gewissermaßen ewige Wahrheiten, grundlegende Er-

kenntnisse über unsere Welt. Newtons Gravitationstheorie ist
selbst in den modernen Zeiten der Relativitätstheorie noch gül-
tig und wird es für immer bleiben. Auch das Periodensystem der
Elemente hat seit Jahrhunderten nicht im Geringsten an seiner
breiten Gültigkeit verloren, und mathematische Beweise gelten
seit Pythagoras (570–510 v. Chr.) und Platon (428–348 v. Chr.)
als Spiegel ewiger metaphysischer Wahrheiten.

Richtig ist, dass sich die Menge wissenschaftlicher Erkenntnis etwa alle fünf bis zehn Jahre verdoppelt. Aber das hinzu-
gewonnene Wissen stellt gesichertes Wissen nicht infrage, sondern weitet es auf Grenzgebiete aus, die bisher nicht betrachtet
wurden. Dabei ergeben sich oft übergeordnete Theorien, die die
alte Theorie miteinschließen. So schließt die Allgemeine Relativitätstheorie die Newtonsche Theorie im klassischen Grenzfall ein,
und bereits heute wissen wir, dass es eine Quantengravitationstheorie geben muss, die die Allgemeine Relativitätstheorie übersteigt und diese wiederum als Grenzfall des Makrokosmos
einschließt. Erst dann werden wir verstehen, warum es Überlichtgeschwindigkeit im Mikrokosmos (quantenmechanischer
Tunneleffekt) geben kann, wo sie doch in der Speziellen Relativitätstheorie kategorisch ausgeschlossen wird.

Bei genauer Betrachtung entpuppt sich also gestriges Wissen als solides Fundament, auf dem erweiterte Theorien der Moderne erst aufbauen können. Nicht Verfall, sondern ewige Wahrheit ist das Kennzeichen wissenschaftlichen Wissens, und genau
darin setzt es sich von den Fluten nichtwissenschaftlicher Erkenntnisse ab. In diesem Sinne ist wissenschaftlicher Fortschritt
eine kulturelle Errungenschaft der Menschheit ersten Grades.

Die Gewissheit wissenschaftlicher Erkenntnis ist jedoch relativ jung. Erst seit dem großen Wissenschaftsphilosophen Karl
Popper (1902–1994) wissen wir, was eine gute wissenschaftliche Theorie ausmacht: Sie macht falsifizierbare Aussagen über

unsere Welt, die jeglicher experimentellen Nachprüfung standhalten. »Falsifizierbar« bedeutet Nachprüfbarkeit einer wissenschaftlichen Theorie und, dass dies nicht durch eine verordnete Doktrin verhindert wird, woran viele Theorien bereits scheitern. Was sich wie selbstverständlich anhört, wurde leider in der Vergangenheit oft missachtet. Die antike Doktrin, die bis in die Neuzeit galt, lautete: Alles, was Platon und Aristoteles (384–322 v. Chr.) behaupten, ist unantastbare Erkenntnis. Daraus resultierte leider viel Erkenntnismüll (man kann es aus dem heutigen Rückblick leider kaum anders formulieren), der bis ins 19. Jahrhundert, teilweise sogar bis heute anhält. Galilei (1564–1642) war in diesem Sinne der erste gute Wissenschaftler, der seine neuen Ideen mit Experimenten falsifizierte und damit viel Erfolg hatte.

Aber der Mythos liegt natürlich voll im Trend: Das, was gestern war, ist überholt, heute wissen wir es besser. Und morgen? Dann sind logischerweise die heutigen Besserwisser überholt und dann gilt wieder was ganz Neues. Hier ein Beispiel, gefunden in der Zeitschrift *Welt der Wunder*:

»Albert Einstein hätte der Crew der Enterprise den Vogel gezeigt: ›Leute vergesst es!‹ Nach seiner Speziellen Relativitätstheorie ist Überlichtgeschwindigkeit nicht möglich. Jetzt sagt die Forschung: Ist es doch. Mit Schlupflöchern im Universum könnten gigantische Entfernungen zurückgelegt werden. Der Warp-Drive kommt auf Umwegen.«

Der Vorwurf logisch aufgedröselt lautet: »Die moderne Wissenschaft kennt Wurmlöcher. Dies sind Schlupflöcher im Universum, die es erlauben, gigantische Entfernungen in Überlichtgeschwindigkeit zurückzulegen. Dies widerspricht der Speziellen Relativitätstheorie Einsteins. Also, Einstein ade.«

Wo liegt der Fehler? Nun, Wurmlöcher leiten sich aus der Allgemeinen Relativitätstheorie Einsteins ab und sind besonders gekrümmte Bereiche unseres Universums. Das Verbot der Überlichtgeschwindigkeit hingegen folgt aus Einsteins Spezieller Relativitätstheorie und dem Kausalitätsgesetz in unserem Universum (Hawkings chronology protection conjecture): Erst kommt die Ursache und dann ihre Wirkung und nicht umgekehrt. Diese beiden Aussagen sind zueinander widerspruchsfrei. Das Problem liegt also nicht in Einsteins Relativitätstheorien selbst, sondern in ihrer falschen Verquickung miteinander durch die Medien. Die falsche Aussage lautet: »Wurmlöcher = Schlupflöcher ermöglichen Überlichtgeschwindigkeit«.

Aber genau das können Wurmlöcher nicht. Denn Wurmlöcher sind zwar krumm, aber nicht besonders schnell. Wurmlöcher – sollte es sie wirklich geben, was noch nicht nachgewiesen ist – sind Abkürzungen durch räumliche Tunnel im Weltraum (alles Wichtige über Wurmlöcher findet man im Kapitel *Wurmlöcher für Anfänger* meines Buches *Im Schwarzen Loch ist der Teufel los*). Ein Vergleich: Statt über die sich scheinbar ewig ziehende Straße über den Gotthard-Pass nach Italien zu fahren, nehme ich lieber den Tunnel und komme bei gleicher Fahrtgeschwindigkeit hinten am selben Punkt schneller raus. Warum schneller? Weil ich bei gleicher Geschwindigkeit eine kürzere Strecke fahre.

Auch die Spezielle Relativitätstheorie verlangt, dass, egal wo man langfährt, man nicht schneller als das Licht vorwärtskommt. Und genau das ist der Punkt: Wurmlöcher ermöglichen keine Überlichtgeschwindigkeiten, sondern nur räumliche Abkürzungen. Übrigens, wie groß die Lichtgeschwindigkeit ist, darüber besagt die Spezielle Relativitätstheorie nichts. Lediglich die Quantentheorie besagt, sie sei eine Folge der virtuellen Teilchen im Quantenvakuum. (Zu kompliziert? Lesen Sie dazu meine Erklärung im Kapitel *Was ist Dunkle Energie?* in meinem Buch *Im Schwarzen Loch ist der Teufel los*.) Es wäre denkbar, dass sich die Dichte der virtuellen Teilchen in unserem Universum lokal ändert. Damit würde sich die Lichtgeschwindigkeit von Ort zu Ort ändern: Bei uns 300.000 km/s, woanders 100.000 km/s und irgendwo weit draußen vielleicht sogar 1.000.000 km/s. Durchaus möglich und bei einem Nachweis sogar nobelpreisverdächtig. Einstein sagt lediglich, dass nichts schneller geht als diese lokale Lichtgeschwindigkeit. Hätten wir eine Quantengravitationstheorie, dann könnten wir vermutlich die lokale Größe der Lichtgeschwindigkeit sogar berechnen. Genauso nobelpreisverdächtig.

Wir sehen, bewährte Theorien werden nicht durch neue über den Haufen geworfen, sondern die neuen, wenn sie denn wirklich wahr sind, ergänzen lediglich das bereits Bekannte. So war es, und so wird es immer bleiben. Und das macht Wissenschaft – wenn man sorgsam mit ihr umgeht – gestern, heute und auch morgen zu dem, was ich an ihr so liebe: Sie ist verlässlich.

»*Mädchen entstehen durch schadhaften Samen
oder feuchte Winde.*«

Thomas von Aquin (1225–1274)
Einer der einflussreichsten Scholastiker

»*Wer nicht weiß, der muss glauben.*«

Bruno Jonas (*1952)
Deutscher Kabarettist und Autor

FÄLLT ER ODER FÄLLT ER NICHT? EIN BLEISTIFT AUF DEM MOND

Wenn man auf dem Mond einen Bleistift in der Hand loslässt, was passiert mit ihm? Fällt er herunter, bleibt er in der Schwebe, oder fliegt er weg?

Manchen mag diese Frage trivial erscheinen, anderen schwierig. Denken Sie ruhig etwas nach. Es lohnt sich. Denn Sie befinden sich in guter Gesellschaft. Der Durchschnittsbürger der westlichen Welt (Amerikaner und Europäer) kennt die richtige Antwort nicht. Als ich das zum ersten Mal las, konnte ich es nicht glauben. Inzwischen ist mir klar, dass die Sache mit der Gravitation gar nicht so einfach zu verstehen ist. Dazu folgende, angeblich wahre Geschichte[1].

Warum Apollo-Astronauten schwere Mondstiefel trugen

Ein Wissenschaftler besucht eine Philosophie-Übung am College der University of Wisconsin, Madison, eine gute Wissenschafts- und Ingenieurs-Universität in den USA. Ein Tutor der Übung versucht zu erklären, dass Dinge nicht immer so sind, wie wir uns das vorstellen. Als Beispiel führt er an, dass auf der Erde ein Bleistift zwar auf den Boden fallen würde, wenn man ihn loslässt, er aber auf dem Mond wegfliegen würde.

Dem Wissenschaftler fiel die Kinnlade herunter, sein Freund Mark und ein anderer Student sahen sich verwirrt an. Die an-

---

1 http://www.phys.ufl.edu/~det/phy2060/heavyboots.html

deren 17 Leute im Raum schauten die drei nur an: »Was ist Ihr
Problem?« – »Aber ein Bleistift auf dem Mond würde auch auf
den Boden fallen, nur etwas langsamer als auf der Erde!«, pro-
testierte der Wissenschaftler. »Nein, nein, überhaupt nicht«, erklärte der Tutor ganz ruhig, »weil der Mond viel zu weit weg von
der Erde ist.« Der Wissenschaftler kratzte sich am Kopf und er-
widerte: »Sie haben doch auch gesehen, wie die Apollo-Astro-
nauten auf dem Mond herumspazierten, oder!? Warum sind die
nicht weggeschwebt?« – »Weil die schwere Stiefel anhatten«, antwortete der Tutor, so, als wäre das doch absolut klar.

Die Welt ist unser Bild von ihr

Der Philosophie-Tutor hat in seiner Ausbildung viele Logik-Vor-
lesungen besucht. Doch die Logik, die man in der Schule oder
Universität lernt, scheint für viele rein akademisch. Von der Welt
machen sich die meisten Menschen ihr eigenes, meist naives
Bild. So glaubt ein Großteil unserer Bevölkerung, dass »sehen«
eine aktive Tätigkeit darstellt. Demnach gehen von unserem
Auge Strahlen aus, die von den Dingen um uns herum reflektiert
werden und dann wieder in unser Auge zurückfallen.

Diese Vorstellung ist natürlich Unsinn, denn sonst könnten
wir auch im Dunkeln sehen. Aber unser Sprachgebrauch »Mein
Blick fiel auf die wunderschöne Statue« und die oft gemachte
Aussage »Ich hatte das Gefühl, ich werde beobachtet« suggerie-
ren genau das. Eigentlich ist es umgekehrt: Unsere Vorstellung
der Welt spiegelt sich in solchen Aussagen wider, und darüber vermitteln wir unser Weltbild unbewusst an unsere Nachkommen über Tausende von Jahren.

Seit den alten Griechen bestimmen intuitive Erklärungen
unser Weltbild, etwa dass die Erde, und mit ihr der Mensch, im
Mittelpunkt des Universums steht (Protagoras: »Der Mensch ist
das Maß aller Dinge!«). Bertrand Russell (1872–1970), britischer

Philosoph und Mathematiker Anfang des letzten Jahrhunderts, schrieb in seinem Buch *Philosophie des Abendlandes* dazu: »Viele Griechen und vor allem Aristoteles glaubten, darauf eine allgemeine physikalische Theorie aufbauen zu können.« Daher war eine Kernaussage des Aristotelischen Weltbildes, dass alle Dinge im Universum zum Zentrum der Erde fallen.

E. J. Dijksterhuis (1892–1965), ein niederländischer Wissenschaftshistoriker, schrieb in seinem großen Werk *Die Mechanisierung des Weltbildes* dazu: »Aristoteles, wie die griechischen Denker überhaupt, hat die Schwierigkeiten der Naturforschung unterschätzt. Dafür haben sie ausnahmslos alle die Kraft des unkontrollierten, spekulativen Denkens in der Naturforschung überschätzt. Das jugendliche naturwissenschaftliche Denken der Griechen, vielleicht angespornt durch die großen Erfolge, die es die ebenso junge Mathematik erreichen sah, hat sich in fantastischen Betrachtungen ergangen. Nicht umsonst sagt der bejahrte ägyptische Priester im Timaios zu Solon, die Hellenen seien immer wie Kinder.«

So denken viele über einen Bleistift auf dem Mond …

Auch wir können uns von solch naivem, kindlichem Denken der Griechen nicht befreien. Die abendländische Naturphilosophie ist noch heute weit verbreitet und wird teilweise noch gelehrt – so etwa die von Epikur: Die Welt besteht aus den vier Elementen Erde, Wasser, Luft, Feuer. Nur weil die Erde in unseren Augen unten ist (tatsächlich schwebt sie frei im Weltraum), Wasser darauf schwimmt, Luft in der Schwebe ist und Feuer aufsteigt, sie also eine Folge von Schwerestoffen darstellen, impliziert das nicht, dass der Rest der Welt daraus zusammengesetzt ist, wie Epikur (341–270 v. Chr.) glaubte. Einmal abgesehen davon, dass Feuer kein Element sein kann, weil es lediglich der Lichtschein von Rußpartikeln ist, also nichts Gegenständliches. Solch nai-

ves Denken verleitete Aristoteles bis hin zu uns falschen Welt-
bildern. In diesem Sinn ist das erste Zitat, das dieses Kapitel ein-
leitet, zu verstehen.

Wenn also alles zur Erde fällt und der Mond so weit weg ist
von der Erde, dann hält es natürlich auch keinen Bleistift auf dem
Mond. So oder so ähnlich ist dann die einfache Logik. Andere
konkrete Begründungen der Menschen, warum der Bleistift fort-
schwebt, sind: »Es gibt keine Schwerkraft im Weltraum. Wenn
man also dort etwas loslässt, wird es langsam wegfliegen.« Oder:
»Weil die Schwerkraft des Mondes viel schwächer ist als die der
Erde, wird ein so leichter Körper wie ein Bleistift wegschweben.«
Eine weitere Erklärung ist: »Die Gravitation auf dem Mond ist so
schwach, und weil der Mond ein Vakuum hat, gibt es keine Anziehungskraft. Daher fliegt der Bleistift weg.«

Man kann es den Menschen nicht verdenken, die Lehrer in
den Schulen und selbst Universitäten wissen es eben kaum besser. Das ist die Krux in unserer Gesellschaft.

… und so verhält es sich wirklich

Wie verhält es sich denn nun wirklich mit dem Bleistift des Astronauten auf dem Mond? Der alles entscheidende Faktor ist: Je
weiter zwei Massen voneinander entfernt sind, umso schwächer
ziehen sie sich an, nämlich umgekehrt proportional zum Quadrat der Entfernung.

Dabei ist es der Schwerkraft vollkommen egal, ob das Medium dazwischen fest, gasförmig oder ein Vakuum ist. Man
kann die Überlegungen weiter vereinfachen, indem man so tut,
als würden sich nur die Schwerpunkte von Körpern anziehen,
was bis auf ein paar kleine Ausnahmen eine gute Näherung ist.
Daher zieht die Erde mich (meinen Schwerpunkt irgendwo
in der Gegend meines Bauchnabels) zum Erdmittelpunkt (=
Schwerpunkt der Erde) an. Die Erdoberfläche verhindert, dass

ich bis zum Erdmittelpunkt falle. Stattdessen bleibe ich fest auf ihr stehen.

Auf der Mondoberfläche ist es genauso. Die Masse des Mondes zieht einen Astronauten an. Weil der Mond aber nur 1/81 der Erdmasse hat, der Radius des Mondes aber 3,67-mal kleiner ist als der der Erde, hat er nur $1/81 \cdot 3{,}67^2 = 1/6$ der Erdanziehungskraft. Auf dem Mond wird man zwar auch von der Erde angezogen, aber nur mit einem Teil der Erdanziehungskraft, nämlich dem $(\text{Erdradius/Erd-Mond-Abstand})^2 = (6378/380.000)^2 = 1/3550\text{sten}$ Teil, weswegen die im Vergleich zur Mond-

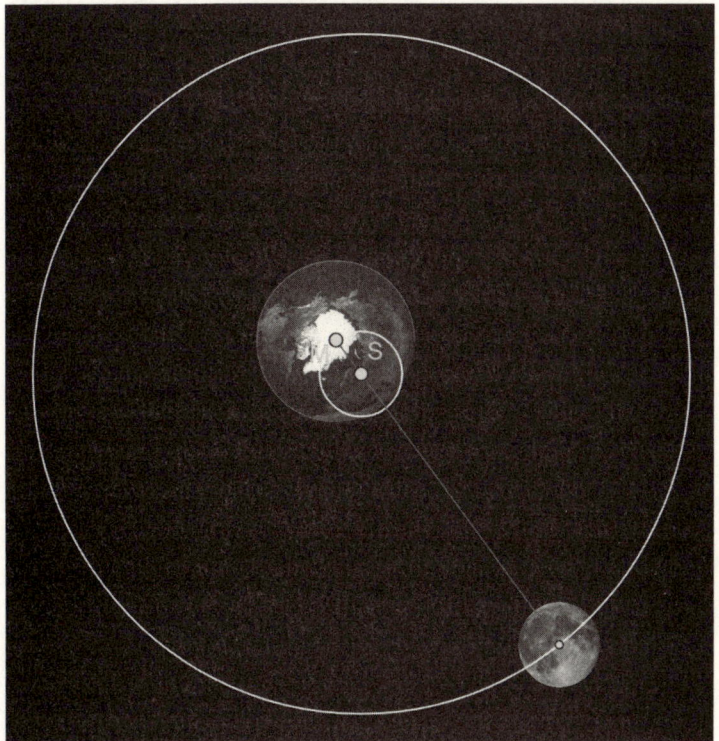

Erde und Mond kreisen um einen gemeinsamen Schwerpunkt S. (Quelle: Walter Senzenberger)

anziehungskraft vernachlässigbar gering ist. Selbst eine Feder wird dort 3550/6 = 591-mal stärker vom Mond als von der Erde angezogen, weshalb sie auf die Mondoberfläche fällt und nicht Richtung Erde wegschwebt oder sonst wohin, und zwar exakt so schnell wie ein Hammer, wie der Astronaut David Scott in einem kleinen Experiment auf dem Mond[2] zeigte.

Übrigens: Erde und Mond ziehen sich gegenseitig an. Weil aber die Masse der Erde 81-mal größer ist als die des Mondes, bewegt sich der Mond auf einer großen Kreisbahn (in der Abbildung große Kreisbahn um den Punkt »S«) und die Erde auf einer kleinen Kreisbahn um den gemeinsamen Schwerpunkt (kleine Kreisbahn um den Punkt »S«).

---

2 https://www.youtube.com/watch?v=-4_rceVPVSY

*»Nur die Welt ist groß genug,
um die ganze Welt zu begreifen.«*

Tor Nørretranders (*1955)
Wissenschaftsjournalist

WER FLIEGT SCHNELLER –
DICKE ODER DÜNNE?

Zwei sehr unterschiedlich schwere Menschen
springen zeitgleich von einem Sprungturm.
Wer kommt zuerst unten an?

Im Jahr 2007 startete die Quiz-Show *Wie schlau ist Deutschland?* von Johannes B. Kerner rund um Alltagsrätsel und spannende Experimente, bei der Prominente, aber auch Zuschauer, interaktiv mitmachen konnten. Experimente haben meist etwas mit Naturwissenschaften zu tun, und damit ist das manchmal so eine Sache. So auch bei der ersten Sendung im Frühjahr 2007. Die Produktionsfirma *mixtvision* aus München wollte folgendes Experiment machen: Ein dicker Mann mit 120 Kilogramm Gewicht und ein dünnes Mädchen mit 50 Kilogramm springen zeitgleich von einem 5-Meter-Turm. Wer kommt zuerst an? Die Redaktion war sich wohl uneins und schrieb mich im Februar 2007 in einer E-Mail an, mit der Bitte um die richtige Antwort.

Alles fällt im Vakuum gleich schnell

Klar, wenn es kniffelig wird und man nicht lange rumsuchen will, wendet man sich an einen Physiker, Astronauten und Professor dazu. Der wird es wohl wissen. Eines war der Redaktion wohl noch aus der Schulzeit klar: Wenn der Luftwiderstand nicht wäre, dann müssten beide exakt zur selben Zeit auf dem Wasser auftreffen.

Dazu gibt es ein berühmtes Experiment und Video[3] des Astronauten David Scott von Apollo 15, bei dem er auf dem Mond einen Hammer und eine Falkenfeder gleichzeitig fallen lässt, und beide tatsächlich gleichzeitig auf dem Mondboden ankommen. Aber was ist, wenn der Luftwiderstand dazukommt? Die Vermutung der Redaktion war (ich zitiere): »Das Mädchen fällt schneller als der Mann, da das Verhältnis von Gewicht zu Luftwiderstand besser ist.« Da hatte wohl jemand aus dem Bauch heraus versucht, eine irgendwie plausible Erklärung zu geben. Man muss aber schon etwas mehr überlegen, um das richtige Ergebnis zu finden.

Trägheit gleich Gravitation immer aus

Welche Kräfte wirken auf den Springer? Da ist zunächst die Gravitationskraft $F = m \cdot g$, wobei m die Masse des Springers und $g = 9,8\,\text{m/s}^2$ Erdbeschleunigung ist. Ihr entgegen wirkt die Trägheitskraft $F = m \cdot a$, wobei a die Beschleunigung des Springers ist. Da beide Kräfte entgegengesetzt wirken, erhält man durch Gleichsetzen $m \cdot a = m \cdot g$. Die Masse kürzt sich heraus, und das Ergebnis lautet $a = g$. Die Beschleunigung, und somit die Flugzeit t, ist also unabhängig vom Gewicht des Springers. Der physikalische Grund für die Unabhängigkeit ist eben der, dass ein schwererer Körper der größeren Schwerkraft entsprechend mehr Trägheit entgegensetzt. Ebenso ist ein schweres Auto schwerer anzuschieben (große Masse, große Trägheit) als ein leichtes Fahrrad (kleine Masse, kleine Trägheit)

Was macht der Luftwiderstand?

Der Luftwiderstand ist zunächst nicht von der Masse abhängig, sondern von der Luftreibung an der Oberfläche des Springers. Die Luftreibung hat etwas mit der grundsätzlichen Form

---

3 https://www.youtube.com/watch?v=5C5_dOEyAfk

und Oberflächenbeschaffenheit des Körpers zu tun, dem sogenannten Widerstandsbeiwert. Da die Oberflächeneigen-
schaften des Menschen mit seiner glatten Haut immer gleich
sind, egal ob dick oder dünn, ist der Beiwert immer gleich und
hat den Wert von etwa 1. Der Luftwiderstand hängt außerdem
noch quadratisch von der Fluggeschwindigkeit v, der Luftdichte
und der angeströmten Querschnittsfläche des Körpers ab. Nur
letztere ändert sich mit dem Gewicht, denn sie ist proportional
zur Körperoberfläche. Weil die Körperoberfläche bei gleichen
Körperproportionen quadratisch von der Körperlänge abhängt,
das Volumen und auch das Gewicht aber mit der dritten Potenz
der Körperlänge geht, hängt die Körperoberfläche und somit die
angeströmte Fläche mit $m^{2/3}$ vom Gewicht ab. Das ist ein wichtiges Zwischenergebnis.

Dick schlägt dünn ...

Wenn ich jetzt die drei Kräfte (Schwerkraft, Trägheitskraft, Luftwiderstand) in einer Gleichung zusammenfasse, erhält man
$ma = mg - kv^2 m^{2/3}$. Der dritte Term ist der Luftwiderstand, wobei
k eine Konstante ist, die von der generellen Körperoberfläche abhängt und für Dicke und Dünne gleich ist. Das Minuszeichen
besagt, dass die Kraft die Beschleunigung a reduziert. Wenn ich
diese Gleichung durch die Masse dividiere, um auf der linken
Seite die Beschleunigung zu erhalten, ergibt sich $a = g - kv^2/m^{1/3}$.
Weil also der Luftwiderstand nur mit $m^{2/3}$ geht, nimmt der Beitrag des Luftwiderstandes zur Beschleunigung (die bestimmt
letztendlich die Fallzeit durch Integration dieser Gleichung)
bei zunehmender Körpermasse mit $1/m^{1/3}$ ab. Das bedeutet, bei
einem schweren Körper verringert der Luftwiderstand die Beschleunigung weniger als bei einem leichten Körper bei ansonsten identischen Körperverhältnissen und gleicher Orientierung des Körpers zur Flugrichtung. Das bestätigt unsere

Erfahrung im Grenzfall extrem großer Gewichtsunterschiede, wie etwa Hammer und Feder. Der Hammer fliegt schneller als die Feder. Physikalisch liegt das an Folgendem: Die Schwerkraft nimmt zwar mit m zu, aber der Querschnitt des Körpers, und somit sein Luftwiderstand, nimmt nur mit $m^{2/3}$ zu. Somit steigt mit zunehmendem Gewicht die Schwerkraft stärker an als der Luftwiderstand, was die Sache erklärt. Würden beide gleich zunehmen, flögen Dicke und Dünne immer gleich schnell.

... um Haaresbreite
Der Dicke kommt also früher an als die Dünne, und die Redaktion von *mixtvision* lag mit ihrer Vermutung daneben. Die Frage ist, um wie viel früher? Oder anders gefragt: Wie groß ist der Flugabstand zwischen beiden, wenn sie auf dem Wasser aufschlagen? Das kann man ausrechnen. (Habe ich gemacht, aber die vielen Formeln erspare ich Ihnen an dieser Stelle. Eine Zusammenfassung der Rechnung für diejenigen, die es genau wissen wollen, finden Sie weiter unten.) Das Ergebnis lautet: Bei 5 m Sprunghöhe und den gegebenen Gewichten des Dicken und der Dünnen kommt der Dicke nur um etwa 4 mm vor der Dünnen an. Eines ist wohl sofort klar: So einen kleinen Unterschied kann man nicht messen, denn dazu müssten die beiden Springer wirklich ganz exakt gleich abspringen, dazu auch absolut horizontal. Außerdem ist, wenn sich einer von beiden während des Fluges auch nur ganz leicht dreht oder beim Aufprall die Zehenspitze etwas ausstreckt, der Unterschied dahin. Das war der Grund, warum ich der Redaktion damals von diesem Experiment abgeraten habe.

So rechnet man den Flugabstand aus
Wenn die Körper ungebremst flögen, gälte $a = g$, woraus durch Integration $v = g \cdot t$ folgt. Das Ergebnis setzen wir in $a = g - kv^2/m^{1/3}$ ein (diesen Näherungs-Trick kann man deswegen

anwenden, weil $kv^2/m^{1/3} \ll g$) und integrieren zweimal nach der Zeit. Man erhält für die Flugstrecke $r = \frac{1}{2}gt^2 - \frac{1}{12}kg^2t^4/m^{1/3}$. Da nach der nominalen Zeit T die Sprunghöhe $h = \frac{1}{2}gT^2$ durchflogen ist, erhalten wir für die reduzierte Flugstrecke als Funktion der Sprunghöhe $r = h - \frac{1}{3}kh^2/m^{1/3}$. Damit ergibt sich für den Flugabstand zwischen der kleinen Masse m und der großen M das Ergebnis $\Delta r = \frac{1}{3}kh^2(1/m^{1/3} - 1/M^{1/3})$. Wenn wir alle oben gegebenen Werte einsetzen und mit $k \approx 0,0065 \,[kg^{1/3}/m]$, erhalten wir $\Delta r = 3,7\,mm$. Dies ist nur ein ungefährer Wert, da der Widerstandsbeiwert eines menschlichen Körpers bei unterschiedlichen Körperorientierungen, und damit k, nicht genau bekannt ist.

*»Mutig dorthin zu gehen,
wo noch niemand zuvor war.«*

Zitat aus »Star Trek«

FLUG ZUM MITTELPUNKT DER ERDE

Stellen Sie sich vor, man würde einen Tunnel bis zum
Mittelpunkt der Erde graben. Wenn man in den hineinspringt,
wie lange würde es brauchen, bis man im freien Fall
beim Erdmittelpunkt ankommt?

Ich war vielleicht zehn Jahre alt, als ich zum ersten Mal von meinem Vater von dieser Frage hörte. Sie hat mich schon damals fasziniert und hat mich seitdem ein Leben lang begleitet. Ein Loch bis zum Mittelpunkt der Erde! Gigantisch, aber durchaus vorstellbar und im Prinzip machbar.

Wie weit ist es eigentlich bis zum Mittelpunkt der Erde? Mein Vater kannte die Antwort: 6400 km. (Genau genommen ist der Erdradius am Erdäquator 6378 km. Weil die Erde durch ihre Rotation abgeplattet ist, beträgt der Erdradius an den Polen lediglich 6357 km. Diese Details spielen jedoch bei der Frage keine wesentliche Rolle.) Aber die eigentliche Frage, wie lange ein freier Fall dauert, konnte er mir damals nicht beantworten. Nur eines war klar: 6400 km sind sehr, sehr weit. Wir machten uns das so klar: Wenn wir mit unserem damals nagelneuen Auto, einem dunkelblauen Käfer, die 6400 km wie auf der Autobahn mit 100 km/h ohne Pause abfahren würden, dann wären wir 64 Stunden, also knapp 3 Tage und Nächte, unterwegs. Ich erinnere mich genau: Das flößte mir Ehrfurcht vor der Größe der Erde ein.

Aber freier Fall, da wird man doch ständig schneller! Wie schnell eigentlich? Schneller als 100 km/h? Eigentlich schon, denn wenn ich sehr lange frei falle, müsste ich im Prinzip jede Geschwindigkeit erreichen können, oder? Mehr bekam ich mit meinem damaligen Wissen und den Möglichkeiten, mich zu informieren, nicht heraus.

Das änderte sich, als wir auf der Oberstufe des Gymnasiums in Physik den freien Fall hatten. Unser Physiklehrer, Herbert Henkel, Spitzname Euler (wie der große Mathematiker Euler), weil er so gut Mathe konnte, war wirklich gut. Jeder mochte ihn, weil er Humor hatte, so auch hier. Freier Fall, wie geht das? Stellen wir uns mal ganz dumm – fällt uns ja nicht schwer: Wie weit komme ich nach einer gegebenen Zeit t im freien Fall? Zunächst, wenn ich mit einer konstanten Geschwindigkeit v fliegen würde, dann nimmt die gefahrene Strecke s linear mit der Zeit zu: $s = v \cdot t$. Aber die Geschwindigkeit wird ja beim freien Fall ständig größer. Freier Fall bedeutet konstante Erdbeschleunigung $g_0 = 9,8\,\text{m/s}^2$, auch $1g$ genannt. Damit nimmt meine Geschwindigkeit linear zu: $v = g_0 t$. Wenn man eine bestimmte Strecke aus dem Stand mit konstanter Beschleunigung fährt, dann ist nach der Zeit t die mittlere Geschwindigkeit $v\text{mittel} = \tfrac{1}{2}g_0 t$ und die gefahrene Strecke daher $s = v_{\text{mittel}} \cdot t = \tfrac{1}{2}g_0 t^2$. Damit hatte ich endlich die Antwort auf die Frage, wie lange ein freier Fall zum Erdmittelpunkt dauert. Wenn $s = 6400\,\text{km}$, dann ist die Flugzeit $t = \sqrt{2 \cdot 6400\,\text{km} / 9,8\,\text{m/s}^2} = 1143\,\text{s}$, also 19 Minuten und 3 Sekunden. Die Geschwindigkeit, mit der ich dort ankäme, wäre $v = gt = 9,8\,\text{m/s}^2 \cdot 1143\,\text{s} = 11,2\,\text{km/s}$, das sind satte 40.300 km/h!

Hallo bei den Gegenfüßlern

Aber wenn ich am Erdmittelpunkt mit dieser Geschwindigkeit einschlüge, dann bliebe nichts mehr von mir übrig. Das ließe sich ändern, wenn man den Tunnel bis auf die andere Seite der Erde weiterbohrt. Dann würde ich bis zum Erdmittelpunkt konstant beschleunigen und wenn ich dort ankäme, würde ich mit derselben Erdbeschleunigung wieder abgebremst werden, sodass ich nach weiteren 19 Minuten und 3 Sekunden genau auf der gegenüberliegenden Seite der Erde heraus und zum Stillstand käme. Dieser Ort läge ziemlich genau dort, wo die südpazifische Insel *Antipode* liegt, also südöstlich von Neuseeland.

Ihr Name kommt nicht von ungefähr, denn »anti-podes« kommt aus dem Griechischen und bedeutet Gegenfüßler. Schon im alten Griechenland wusste man, dass die Erde rund ist. Wenn dort auf der anderen Seite der Erde Menschen wohnten, dann würden deren Füße von uns aus betrachtet zu uns weisen – sie würden also auf dem Kopf stehen! Weil das unvorstellbar ist, glaubte in der Antike keiner an Antipoden-Menschen. Wie auch immer, wenn ich nichts weiter unternähme, würde ich von dort wieder zurückpendeln, also zum Mittelpunkt der Erde, und darüber hinausschießen bis ich schließlich wieder an meinem Startpunkt ankäme. Einmal hin und her würde 4 mal 1143 Sekunden, also etwa 1¼ Stunden dauern.

Mit Newtons Hilfe

Damals war mir aber bereits klar, dass das nicht die genaue Antwort sein konnte, denn die Erdanziehungskraft, und somit auch die Erdbeschleunigung, ändert sich, wenn ich mich dem Erdmittelpunkt nähere. Aber wie ändert sich die? Im Physikstudium erfuhr ich, dass sich schon der alte Newton (1643–1727) mit dieser Frage beschäftigt hat und zu dem Ergebnis kam, dass die linear mit dem Abstand r zum Erdmittelpunkt abnimmt. Dies macht Sinn, denn am Erdmittelpunkt, wo alle Massen symmetrisch um mich herum verteilt sind, sollte ich keine Erdanziehungskraft mehr spüren.

Was bedeutet das nun für die Freifallzeit? Nun, die obige einfache Rechnung funktioniert dann nicht mehr. Man hat dann dieselbe Situation wie bei einer schwingenden Feder, deren

Rückstellkraft linear mit der Auslenkung zunimmt. Mit anderen Worten, mein Körper würde im freien Fall wie ein harmonisches Pendel sinusförmig zur Antipodeninsel hin und wieder zurückschwingen, wobei eine volle Schwingung 5070 Sekunden dauern würde. Der Flug von der Erdoberfläche zum Erdmittelpunkt wäre nur ¼ davon, also 21 Minuten und 7 Sekunden. Das sind zwar nur 2 Minuten länger als nach der obigen einfachen Rechnung mit konstanter Beschleunigung, aber das macht Sinn, denn die meiste Zeit, in der er noch langsam fliegt, verbringt der Körper im äußeren Bereich der Erde, wo die Erdbeschleunigung nahezu konstant ist. Meine Geschwindigkeit am Erdmittelpunkt betrüge 28.500 km/h.

Noch realistischer: mit Luftwiderstand

Man könnte gegen diese Berechnung noch einwenden, dass der Körper in der Realität nicht frei fallen, sondern einen Luftwiderstand verspüren und so abgebremst würde. Wenn wir annehmen, dass überall in dem Tunnel 1 Bar Luftdruck herrscht, dann sagt uns die Physik, dass der Körper sehr schnell eine Grenzgeschwindigkeit erreichen würde. Bei dieser Geschwindigkeit gleichen sich die Erdanziehungskraft und der Luftwiderstand gerade aus, sodass der Körper nicht weiter beschleunigt wird. Für typische Werte für die Form eines menschlichen Körpers und Eigenschaften der Luft erhält man als Grenzgeschwindigkeit 65 km/h. Bei dieser Geschwindigkeit bräuchte man 1 Tag und 15 Stunden bis zum Erdmittelpunkt. Tatsächlich nimmt aber, wie gesagt, die Gravitationskraft zur Mitte der Erde hin ab. Wenn man dies mitberücksichtigt (das ist dann schon komplizierter) ergibt sich eine Flugzeit von 25,9 Stunden, also etwa 1 Tag und 2 Stunden.

Aber auch das würde nicht stimmen, denn der Luftdruck ändert sich mit der Höhe der Luftsäule über dem Erdmittelpunkt. Ab hier wird es richtig kompliziert. Es lässt sich zeigen, dass dann (bei konstanter Temperatur von 25 °C) am Erdmittelpunkt theoretisch ein Luftdruck von 10^{157} Bar (das ist eine 1 mit 157 Nullen!) herrschen würde. Das macht praktisch keinen Sinn, weil sich Luft bei einigen Hundert bar Druck verflüssigt und dann fest wird, was in etwa 50 Kilometern Tiefe passieren würde. Dort wäre dann kein Durchkommen mehr. Man müsste also den Tunnel evakuieren, um darin bis zum Erdmittelpunkt fallen zu können. Aber auch das ist unrealistisch, denn kein Tunnelmaterial könnte den extrem großen Drücken von 3,6 Millionen Bar im Innern der Erde widerstehen – er würde kollabieren.

VERRÜCKTE PHYSIK IM KLEINEN

»*Wenn wir aufhören zu forschen,
hören wir auf, menschlich zu sein.*«

Arthur C. Clarke (1917–2008)
Britischer Science-Fiction-Schriftsteller und Physiker
In: »S. E. T. I. – Die Suche nach dem Außerirdischen«

DAS »GÖTTLICHE« HIGGS-TEILCHEN

Das Higgs-Teilchen wurde in den 1960er-Jahren vom Physiker
Peter Higgs (*1929), inzwischen Nobelpreisträger, vorhergesagt
und im Juli 2012 vom Teilchenbeschleuniger in CERN angeblich
nachgewiesen. Seitdem ist es aber um das Higgs-Teilchen ruhig
geworden. Warum gibt es bis heute keinen Nobelpreis für seinen glorreichen Nachweis? Und was ist eigentlich dieses »göttliche« Higgs-Teilchen?

Mit dem Physik-Nobelpreis wird alljährlich eine für die Menschheit ganz wichtige Errungenschaft oder hervorragende wissenschaftliche Erkenntnis ausgezeichnet. Das weiß jedes Kind. Doch
was ist in diesem Sinne preiswürdig? Darüber streiten oft die Ex-
perten, und es gab schon so manchen Fehlgriff, der hinterher be-
reut wurde. Daher ist das Nobelpreis-Komitee eigentlich recht
konservativ und wartet lieber erst ein paar Jahre, manchmal
Jahrzehnte, ob eine Errungenschaft wirklich so durchschlagend
und eine Erkenntnis wirklich so hervorragend ist. Zu lange darf
es aber auch nicht warten, denn es gilt, dass der Preis nur an
noch lebende Wissenschaftler vergeben werden darf.

Aber eigentlich scheint alles klar. Da hat man jahrzehntelang
Hunderte Millionen Euro in den CERN-Beschleuniger in Genf
investiert, um dieses eine sonderbare Teilchen zu finden – hat es
im Jahr 2012 angeblich erstmals und seitdem mehrmals nachgewiesen. Na, wenn das nicht nobelpreisverdächtig ist! Ist es das
wirklich? Darauf ein klares Jein.

Ordnung im Elementarteilchen-Zoo

Warum Jein? Die Physik kennt ungefähr hundert verschiedene
Teilchen, und alle paar Monate kommt eines hinzu. Was ist das
Besondere am Higgs-Teilchen? Um das zu verstehen, muss man
zunächst Ordnung in den Teilchen-Zoo bringen. Das gelang vor
etwa 40 Jahren mit dem sogenannten Standardmodell. Es besagt Folgendes: Alle Dinge in unserer Welt (Tische, Stühle, Menschen, Bakterien …) sind zusammengesetzt aus Elementarbau-
steinen (Elementarteilchen), sogenannte Fermionen. Wie die
Dinge in unserer Welt aus den Elementarteilchen entstehen, regeln die vier fundamentalen Kräfte in unserer Welt unter sich,
nämlich Gravitationskraft, elektromagnetische Kraft, Kernkraft und schwache Kraft. Diese Kräfte wiederum können durch
einen gänzlich anderen Typ von Elementarteilchen dargestellt
werden, sogenannte Bosonen. »Ich drücke auf einen Klingelknopf« bedeutet im Standardmodell: Mein Daumen und der
Klingelknopf bestehen aus Atomen, die ihrerseits wieder aus
verschiedenen Elementarteilchen, den Fermionen, bestehen.
Die elektrostatischen Kräfte – konkret, der Austausch der virtuellen Photonen (Bosonen) des elektrischen Feldes – zwischen
den Elektronen (Fermionen) der Atome auf der Oberfläche meines Daumens und des Knopfes bewirken beim direkten Kontakt
eine Verschiebung der Atome des Knopfes und damit des Knopfes selbst, bis der elektrische Klingelkontakt entsteht.

Die Fermionen, die »Ding-Teilchen«, lassen sich in drei Fami-
lien einordnen, die jeweils aus drei sogenannten Quarks (schwere
Bausteine der Atomkerne) und zwei leichten sogenannten Leptonen (darunter das Elektron, das Teilchen der Atomhülle) bestehen. Das wissen wir schon länger und ist nicht mehr so pri-
ckelnd. Andererseits wird jede Kraft zwischen den Fermionen
durch jeweils ein Feld vermittelt. Was ein Feld konkret ist, verstehen selbst Physiker nicht immer. Wichtig ist Physikern nur,

dass sie genau wissen, wie es wirkt. Diese Wirkweise wird bestimmt durch ein (oder auch mehrere) zugehörige Kraftübertragungs-Bosonen, die den Feldern eigen sind. Solange Felder statisch sind, existieren diese Bosonen allerdings nicht wirklich, weshalb sie *virtuelle Bosonen* genannt werden. Die Felder können aber auch angeregt werden, und dann entstehen sich ausbreitende reale Teilchen – reale Bosonen. So ist die Anregung eines elektrischen und/oder magnetischen Feldes ein elektromagnetisches Photon = Lichtteilchen (Boson) und die Anregung des Gravitationsfeldes die Gravitationswelle, also das Boson *Graviton*, dessen Existenz, weil so extrem schwach, erst im Jahr 2016 mit einem speziellen Gravitationswellendetektor direkt nachgewiesen wurde.

Das Higgs-Feld

Aber eines kann das Standardmodell nicht erklären: Warum haben all diese Fermionen und Bosonen so stark unterschiedlichen Massen? Das schwerste, das Top-Quark, ist etwa 100 Millionen Millionen Mal schwerer als das leichteste, das Elektron-Neutrino. Und überhaupt, woher kommen die Massen? Die verwegene Antwort der Physiker: Durch die verwegene Vermutung eines neuen Feldes, des sogenannten Higgs-Feldes, das überall um Universum gleichmäßig existiert! Das ist deswegen so verwegen, weil das Higgs-Feld nichts mit dem bestehenden Standardmodell zu tun und nur das klassische Feldkonzept mit ihm gemeinsam hat. Das bizarre am Higgs-Feld ist aber die Wirkung, die es auf ausnahmslos alle Teilchen im Universum hat. Es verleiht ihnen Masse, selbst wenn sie ruhen (sogenannte Ruhemasse). Und wenn sie sich darin bewegen, werden sie sogar noch etwas schwerer, was zum Trägheitseffekt der Massen führt. Ohne Higgs-Feld keine Massen und somit Schwere in unserem Universum!

Um das besser zu verstehen, vergleichen wir das Higgs-Feld mit dem allseits bekannten Gravitationsfeld (Schwerefeld) der Erde. Das Schwerefeld nimmt zwar mit dem Abstand von der Erdoberfläche ab, wird aber nie Null. Es existiert also im Prinzip überall, nur sehen können wir es nicht. Einen Stein, den ich hochhalte, wechselwirkt über seine Masse mit dem Gravitationsfeld und wird heruntergezogen, was ich in meiner Hand spüre. Das Higgs-Feld funktioniert ähnlich. Keiner sieht es, aber wenn ich einen Stein im Wurf beschleunige, passiert laut Higgs-Modell Folgendes: Durch die Wechselwirkung des Steines mit dem Higgs-Feld erhöht die Geschwindigkeit dessen Masse und damit dessen Energie ($E = m \cdot c^2$). Diese Massenzunahme durch die Geschwindigkeit im Higgs-Feld erzeugt die Trägheitskraft, die ich in meiner werfenden Hand spüre. Lediglich in einer Hinsicht ist das Higgs-Feld anders als das Gravitationsfeld: Selbst wenn der Stein ruht, verleiht ihm das Higgs-Feld Masse, nämlich seine Ruhemasse von etwa 1 kg. Gäbe es das Higgs-Feld nicht, würde also der Stein, und überhaupt alles in unserem Universum, masselos umherschweben. Weil das Higgs-Feld auf geradezu wundersame Weise die Massen in unsere Welt bringt, nennt man es »göttlich«. Für die Entdeckung dieses Masse-Erzeugungsmechanismus erhielten im Jahr 2013 die Physiker Peter Higgs und François Englert (*1932) den Physiknobelpreis.

Das Higgs-Teilchen

Wie kann man das unsichtbare Higgs-Feld nachweisen? Indem man es, wie jedes andere Feld auch, mit einem großen Teilchenbeschleuniger anregt. Die Anregung des Higgs-Feldes ist, wie bei allen anderen Feldern auch (Zur Erinnerung: Das Boson-«Lichtteilchen« ist eine Anregung des elektrischen Feldes, etwa wie der Glühwendel eine Glühbirne.) ein reales Boson, nämlich das Higgs-Teilchen, das man am CERN-Institut in Genf gefunden hat. Weil es an das eigene Higgs-Feld ankoppelt, hat es sogar eine Masse! Eine sehr große dazu, weshalb man es lange nicht finden konnte, erst mit dem energiereichen CERN-Beschleuniger.

Die experimentelle Entdeckung des Higgs-Teilchens, bekannt gegeben am 4. Juli 2012, bewies indirekt die bizarre Higgs-Feld-Theorie des Physikers Peter Higgs aus den 1960er-Jahren, und daher ist dieser Nachweis ebenfalls ein Top-Kandidat für den Nobelpreis. Werden die CERN-Physiker daher diesen prestigeträchtigsten Preis, den die Wissenschaft zu vergeben hat, demnächst bekommen? Ich denke, vorerst nicht. Denn im Prinzip könnte jeder, der alle paar Monate ein neues Teilchen findet, behaupten, es wäre das Higgs-Teilchen. Zum Beweis muss das neue Teilchen in allen denkbaren Situation seiner Existenz erst noch genauer zeigen, dass es nicht nur wie Higgs aussieht (Masse = 125 GeV, wie von den Theoretikern etwa vorausgesagt) sondern wirklich auch Higgs drin ist, also alle anderen vorausgesagten Eigenschaften eines Higgs-Teilchens besitzt. Genau das planen die CERN-Physiker für die nächsten Jahre. Erst, wenn sie das gezeigt haben, sind sie reif für den Nobelpreis. Dann aber wirklich!

»*Eine Theorie sollte so einfach wie möglich sein, jedoch nicht einfacher.*«

Albert Einstein (1879–1955)
Deutscher Physiker

STRINGTHEORIE FÜR ANFÄNGER

Die Stringtheorie verspricht, alle Fragen der heutigen Teilchenphysik zu beantworten. Damit empfiehlt sie sich als ultimative Theorie für alles. Kann das funktionieren? Und was sind die gelösten und ungelösten Probleme der String-Theorie?

Kann es eine Weltformel geben, die alles erklärt und die Zukunft voraussagen kann? Nein, das wissen wir bereits (siehe das Kapitel *Lässt sich Zukunft vorhersagen?* in meinem Buch *Eine andere Sicht auf die Welt*). Aber so voll nimmt die Stringtheorie den Mund auch nicht. Ihre Anhänger behaupten lediglich, mit der Stringtheorie alle in unserer Welt auftretenden Kräfte und die damit verbundenen Teilchen einheitlich erklären zu können. Das ist jedoch eine ganze Menge, denn damit wäre sie die große vereinheitlichende Elementarteilchentheorie, die man in der Physik nicht ganz korrekt als »Theory of Everything« (TOE) bezeichnet.

Wozu brauchen wir eine Weltformel?

Die heutige Teilchenphysik (Theorie der Kräfte und ihrer Teilchen) hat zwei dicke Probleme. Ihr allseits akzeptiertes Standardmodell schließt die Gravitation als Kraft und das Graviton als ihr Feld-Teilchen nicht mit ein. Sie ist also unvollständig. Außerdem geht sie davon aus, dass ihre Elementarteilchen (Photon, Elektron, Quarks) punktförmig sind. Punkte sind Singularitäten, und die machen Probleme, wenn man die Eigenschaften von Teilchen bestimmen will. Ein Beispiel: Wie groß ist die Ladung eines Elektrons? Darüber kann das Standardmodell nichts aussagen, weil bei seiner Berechnung die Abschirmung der Punktladung durch die virtuellen Teilchen der Vakuumfluktuation (siehe dazu die beiden Kapitel *Was ist eigentlich Gravitation?* und *Was ist Dunkle Energie?* in meinem Buch *Im Schwarzen Loch ist der Teufel los*) berücksichtigt werden muss. Das mathematische Ergebnis lautet: Eine singuläre Punktladung bedingt eine unendlich große abschirmende virtuelle Teilchenwolkenladung. Weil aber die gemessene Gesamtladung endlich ist, müsste die ursprüngliche Elektronladung ebenfalls unendlich groß sein. Also: effektive Ladung = Punktladung – Abschirmladung = $\infty - \infty$. Das ist aber mathematisch unbestimmt und daher lässt sich die effektive Ladung eines punktförmigen Elektrons so nicht berechnen.

Weg mit der Singularität!

Wie behebt man das Problem? Indem man forsch behauptet, Elementarteilchen seinen nicht punktförmig, sondern hätten eine Ausdehnung. Statt Punkt eine Linie. Damit war das Teilchen als dünner Faden (englisch *String*) erstmals gedacht. Diese Idee musste nur noch auf solide mathematische Grundlagen gestellt werden, und damit war die Stringtheorie geboren. Tatsächlich hatten die Stringtheoretiker noch anderes im Sinn. Sie wollten zeigen, dass man mit diesem neuen Ansatz auch das oben genannte, zweite dicke Problem lösen kann, nämlich die Gravitation mit vereinnahmen. Tatsächlich haben sie das auch geschafft, dafür aber folgende spektakuläre Annahme treffen müssen, von der die meisten Physiker heute glauben, dass sie richtig ist.

9+1-dimensionaler Raum

Eines der kleineren Probleme war, dass man aus mathematischen Konsistenzgründen (was bedeutet, die Stringtheorie hätte sonst innere logische Widersprüche) annehmen musste, dass unser Universum 9 Raumdimensionen und 1 Zeitdimension (die Physiker schreiben dafür 9+1) haben müsste. Was macht man, wenn dies nicht der Fall ist, denn wir leben offensichtlich in 3+1 Dimensionen? Man behauptet, die anderen gäbe es sehr wohl, nur könne man sie nicht sehen! Das müsse man sich so vorstellen, sagen die Stringtheoretiker: Raumdimensionen können gekrümmt und in sich geschlossen sein. Unsere Erdoberfläche, zum Beispiel, entspricht einer Kugeloberfläche, ist also ein in sich geschlossener, 2-dimensionaler (abgekürzt: 2D) Raum. Wenn man diese Kugel nun schrumpft, dann kann sie so klein werden, dass man ihre Oberfläche nur noch als Punkt wahrnimmt, obwohl sie immer noch 2D ist. Übertragen auf die Stringtheorie soll das heißen, in unserem Universum mit 9 Raumdimensionen sind 6 Raumdimensionen so stark »eingerollt« (so ist der offizielle Sprachgebrauch), dass wir sie nicht mehr wahrnehmen. Diese 6 Raumdimensionen bilden im gesamten 9+1D-Universum einen Unterraum, den sogenannten Calabi-Yau-Raum. Die restlichen, nicht aufgerollten, 3+1 Dimensionen sind die, in denen wir leben.

Calabi-Yau-Raum

Wie kann man sich das anschaulich vorstellen? Wenn wir eine unserer drei Raumdimensionen, in denen wir leben, zu einem Kreis zusammenrollen und dann nahezu zu einem Punkt schrumpfen lassen würden, dann erhielten wir eine 2D-Ebene, in der wir als 2D-Wesen leben würden und in der an jedem mathematischen Punkt dieser extrem kleine Kreis angeheftet ist und leicht aus der Ebene herausragt. Da die Punkte der Ebene beliebig dicht liegen, erzeugen diese Kreise an den Punkten einen kompakten 1D-Hyperraum. In diesem Sinne ist der Calabi-Yau-Raum ein kompakter 6D-Hyperraum in unserem 3D-Raum.

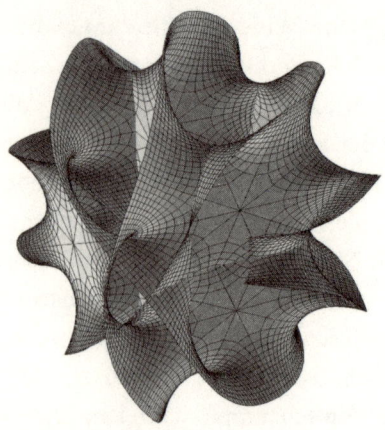

Eine quasi-3D-Ansicht des 6D-Calabi-Yau-Raumes, auf dessen Oberfläche die Strings existieren. (Quelle: GNU Free Documentation License)

Das Leben der Strings auf dem Calabi-Yau-Raum

Es ist genau dieser extrem kleine Calabi-Yau-Hyperraum, auf dessen Oberfläche die Strings existieren und schwingen können. Das ist ein entscheidender Punkt, denn die Geometrie des Calabi-Yau-Raumes bestimmt die Schwingungsform eines Strings auf seiner Oberfläche. Die unterschiedlichen Schwingungsformen wiederum bestimmen laut String-Theorie die verschiedenen Elementareigenschaften der Teilchen, wie etwa elektrische Ladung, schwache Ladung, Farbladung, Photon, Graviton, Gluonen etc. Ganz grundsätzlich hat der Calabi-Yau-Raum topologisch nur 3 Löcher, was genau die 3 Teilchenfamilien (Generationen) erzeugt, die wir tatsächlich beobachten.

Diese Erklärung, die das Standardmodell nicht geben konnte, ist ein großer Erfolg der Stringtheorie, weshalb viele Physiker an sie glauben. Außerdem bestimmt die Größe des Calabi-Yau-Raumes auch die Größe der Strings, die darauf »leben«. Der Calabi-Yau-Raum muss die kleinste Größe einnehmen, die theoretisch möglich ist, und das ist die sogenannte Planck-Länge von

10^{-32} cm. Entsprechend klein müssen dann auch die Strings sein. Wenn man bedenkt, dass ein Atom einen Durchmesser von etwa 10^{-8} cm und ein Atom-Kern von etwa 10^{-13} cm hat – somit das kleinste, was wir bis heute kennen – dann ist ein String wirklich verdammt klein.

Das große ungelöste Problem der Stringtheorie

Es gibt da aber ein sehr schwerwiegendes Problem mit dem Calabi-Yau-Raum. Es gibt etwa 10^{500} (eine 1 mit 500 Nullen!) verschiedene mögliche Kompaktifizierungen (»Arten der Einrollung«) der 6 Dimensionen zu Calabi-Yau Räumen, die mathematisch alle gleich wahrscheinlich sind. Aber nur eine konkrete davon ist in unserem Universum realisiert. Weil der Calabi-Yau-Raum so extrem klein ist und wir ihn daher experimentell nicht direkt beobachten können, weiß man nicht, welche Kompaktifizierung der 10^{500} möglichen das ist. Ohne weitere Informationen, die wir zurzeit nicht haben, ist eine Bestimmung dieser einen Kompaktifizierung schier unmöglich. Aber ohne die genaue Geometrie dieses einen Calabi-Yau-Raumes ist eine Bestimmung der Schwingungsformen und somit Zuordnung zu Teilcheneigenschaften unmöglich. Das ist das zurzeit größte Problem, das die String-Forschung ins Stocken bringt.

10+1D-M-Theorie

Die Frage »Sind die String-Fäden in sich geschlossen, also ringförmig, oder haben sie offene Enden?« haben die String-Physiker jedoch inzwischen beantwortet. Bis vor nicht allzu langer Zeit gab es noch unterschiedliche Stringtheorien. In der Typ I-Stringtheorie sind sie offen oder geschlossen, in den vier anderen String-Theorien (Typ IIA, Typ IIB, E-heterotisch, O-heterotisch) sind sie geschlossen. Wie der Physiker Edward Witten und einige andere im Jahr 1995 zeigten, lassen sich alle diese 5 String-Theo-

rien und zusätzlich sogar die sogenannte elfdimensionale Super-
gravitation, die bis dahin ein Einzelleben führte, zu einer einzigen sogenannten M-Theorie vereinen, wenn man nicht 9+1D
sondern 10+1D annimmt. Aus der Vereinheitlichung folgt, dass
es sowohl offene als auch geschlossene Strings gibt. Die zusätzliche Raumdimension der M-Theorie führt aber auch dazu,
dass die Strings keine eindimensionalen Fäden, sondern zwei-
dimensionale Membranen oder Tori sind. Weiterführende Ver-
allgemeinerungen der String-Theorie besagen darüber hinaus,
dass die Elementarteilchen nicht Strings, sondern ganz allgemein sogenannte p-Branen sein können, wobei 1-Bran = 1D-
Fäden = Strings, 2-Bran = 2D-Objekt = Kugeloberfläche, 3-Bran
= 3D-Objekte usw. sind. Trotzdem sprechen die Physiker hier
wie in der M-Theorie immer noch von Strings. Das sollte man
im Hinterkopf behalten, wenn Physiker von »Strings im Allgemeinen« sprechen.

Die Stringtheorie liefert ungewöhnliche Erklärungen

Welch gute neue Erklärungen die Stringtheorie für bisher unver-
standene Phänomene unserer Welt parat hat und weswegen sie
so geliebt wird, sollen zwei Beispiele zeigen.

Die Strings existieren wie gesagt auf dem gesamten Calabi-
Yau-Raum und zudem, um beim obigen Vergleich zu bleiben,
auch ganz leicht außerhalb unseres 3D-Raumes. Die offenen
Strings, und die mit ihnen einhergehenden Teilchen der starken (Gluonen), schwachen (W- und Z-Bosonen) und elektromagnetischen (Photonen) Wechselwirkung sind mit ihren
Enden an unseren 3D-Raum geheftet. Das ist alles, was wir im
3D-Raum von ihnen sehen. Die geschlossenen Strings (Higgs-
Teilchen und Graviton) hingegen sind nicht an unseren Raum
geheftet, sondern bewegen sich auf dem Calabi-Yau-Raum sehr
nahe an unserem Raum, berühren ihn aber nie. Branen-Kos-

mologen wie etwa Lisa Randall behaupten nun, dass dieser sehr geringe Abstand von unserem Raum gerade die Schwachheit der Gravitationskraft ausmacht, während alle anderen Strings/ Elementarteilchen, die an unserem Raum angeheftet sind, daher eine recht starke Kraft auf die Masseteilchen unseres Universums ausüben. Das wäre in der Tat eine sehr interessante Erklärung für die unterschiedliche Stärke der Kräfte.

Ein anderes interessantes Erklärungsbeispiel: Für die Quantenphysiker ist die Quanten-Verschränkung von Photonen oder von Leitungselektronen zu einer sogenannten korrelierten Fermiflüssigkeit, etwa in Supraleitern, ein eigentlich unverstandenes Phänomen. Die Stringtheorie hat eine ungewöhnliche Erklärung parat: Die in unserem 3D-Raum unlogische Verschränkung ist die Folge von Teilchenkorrelationen leicht außerhalb des Calabi-Yau-Raumes unseres 3D-Universums. Was wir als unlogische Verschränkung sehen, ist lediglich die Projektion dieser Korrelationen in unsere Welt.

Noch ist die Stringtheorie noch nicht so weit entwickelt, dass die Teilchenphysiker sie als »Theory of Everything« akzeptieren könnten. Außerdem steckt sie zurzeit in der gravierenden »1 aus 10^{500}«-Erklärungskrise. Auf der anderen Seite hat sie bisher gute Erklärungen geliefert, die man nicht einfach vom Tisch wischen kann. Es muss also irgendetwas an ihr dran sein. Aber die TOE ist eine richtig harte Nuss, bei der selbst Stephen Hawking (1942–2018) sich geirrt hat, als er auf der »Strings '99«-Konferenz im Jahr 1999 in Potsdam erklärte, er glaube, die Physiker würden in 20 Jahren eine TOE finden. Davon sind sie aber selbst heute noch meilenweit entfernt.

»*Wissenschaftler studieren die Welt so, wie sie ist;*
Ingenieure erschaffen eine Welt,
wie sie es noch nie gab.«

Theodore von Kármán (1881–1963)
Ungarisch-amerikanischer Mathematiker

VON TACHYONEN UND DEM RESTLICHEN TEILCHENZOO

Tachyonen fliegen angeblich mit Überlichtgeschwindigkeit. Gibt es also Elementarteilchen, die mit Überlichtgeschwindigkeit fliegen!? Für eine Antwort ein Blick auf den ganzen Zoo theoretisch möglicher Teilchen.

Dieses einsteinsche Diktum kennt wohl jeder: Nichts fliegt schneller als das Licht, nirgendwo in unserem Universum. Andererseits soll es angeblich sogenannte Tachyonen geben, die sehr wohl schneller als das Licht fliegen. Ist das nicht ein Widerspruch? Nein, denn dazu muss man erst einmal wissen, was Tachyonen sind. Tachyonen sind im wahrsten Sinne des Wortes aus einer anderen Welt.

Alles noch ziemlich normal

Schauen wir uns an, welche Formen der Materie und Energie es gibt. Es gibt die gewöhnliche Materie mit positiver Masse, $m > 0$, aus der wir geschaffen sind und die wir überall im Weltraum mit Teleskopen beobachten können. Außerdem gibt es Dunkle Materie. Das ist immer noch normale Materie, also $m > 0$, jedoch fünfmal häufiger als unsere Materie und mit der zusätzlichen Eigenschaft, dass sie nicht elektrostatisch und elektromagnetisch wechselwirkt. Das ist ein wichtiger Punkt, denn deswegen können wir sie weder sehen noch in mechanischen Kontakt mit ihr treten – sie strömt unbehelligt durch unsere Körper, als würde sie gar nicht existieren. Darüber hinaus ist die Dunkle Energie eine positive Form der Energie in unserem Universum, also $E > 0$, die zwar wie Dunkle Materie überall da ist, die wir aber nicht bemerken und nicht nutzen können, weil wir nicht mit ihr interagieren können. Dunkle Materie und Dunkle Energie gibt es, das wissen wir. Wir wissen nur noch nicht, woraus sie bestehen (Näheres lesen Sie in den Kapiteln *Was ist Dunkle Materie?* und *Was ist Dunkle Energie?* in meinem Buch *Im Schwarzen Loch ist der Teufel los*).

Antimaterie sind normale positive Masseteilchen, also $m > 0$, wobei alle anderen Eigenschaften sind invertiert. Zum Beispiel statt etwa einer positiven Teilchen-Ladung eine negative. So ist das positiv geladene Positron das Antiteilchen vom Elektron. Wenn sich ein normales Teilchen und sein Antiteilchen treffen, gibt es einen Lichtblitz, bei dem sich die beiden Teilchen vernichten, und zurück bleiben zwei Lichtteilchen mit der Energie $E = (m + (-m))c^2 > 0$, die auf Nimmerwiedersehen in entgegengesetzte Richtungen verschwinden. Antimaterie wird inzwischen routinemäßig in Teilchenbeschleunigern wie etwa CERN hergestellt.

Teilchen mit negativer Masse?

Dann könnte es noch Teilchen mit negativer Masse bzw. Energie geben. Sie wären notwendig, um Wurmlöcher zu stabilisieren und damit Warp-Antriebe überhaupt funktionieren könnten (siehe *Warp-Antrieb – So funktioniert er* in meinem Buch *Höllenritt durch Raum und Zeit*). Es ist unklar, ob es so etwas »in freier Natur« gibt, was ich bezweifle. Wenn sich ein normales positives Teilchen und ein gleiches Teilchen mit negativer Masse träfen, bliebe gar nichts zurück, denn $E = (m + (-m))c^2 = 0$.

Ausdrücke wie $-m$ sind zunächst nur Zahlenspielereien, die mathematisch zwar funktionieren, aber kein reales Teilchen darstellen. Das ist genauso wie ein negatives Bankkonto. Wer ein negatives Konto hat, hat Schulden. Schulden zu haben ist aber nicht eine andere Art von Geld, sondern nur das Fehlen von Geld. Wenn ich Geld auf ein negatives Konto überweise, kommt Null heraus. Negative Masse oder Energie macht physikalisch nur Sinn im unmittelbaren räumlichen und zeitlichen Zusammenhang mit positiver Materie/Energie, wenn ich nämlich aus einem leeren Raum positive Energie fortschaffe und negative zurückbleibt. Genau das passiert beim Casimir-Effekt. Diese negative Energie ist aber kein reales Etwas, sondern lediglich das Fehlen einer realen positiven Energie im ansonsten energieleeren Raum. Solch ein Energieloch in unserem Universum unterscheidet sich jedoch von einem Energieloch in einem Halbleiter oder einem Loch im Bankkonto. Während ein Energieloch im Halbleiter und Bankkonto relativ stabil ist, ist negative Energie extrem instabil, es muss ständig etwas getan werden, damit negative Energie weiter existiert. Genau das ist der Grund, warum negative Energie immer mit weit mehr positiver Energie einhergeht (siehe Kapitel *Warp-Antrieb – Der Haken mit der negativen Energie* in meinem Buch *Höllenritt durch Raum und Zeit*). Aus diesem Grunde kann ein Etwas mit negativer Masse/Energie kein freies, eigenständiges Teilchen sein, so wie im Halbleiter ein Energie-Loch als stabiles Defektelektron betrachtet werden kann.

Wie real sind imaginäre Teilchen?

Es könnte theoretisch noch ganz andere Teilchen geben, nämlich solche mit imaginärer Masse (hier und im Folgenden verstehe ich unter »Masse« eines Teilchens immer seine Ruhemasse, also seine betragsmäßig kleinstmögliche Masse). Jedenfalls lassen die sich auf einem Blatt Papier so hinschreiben. Was bedeutet imaginär? Nun, sie hätten weder positive noch negative Masse, sondern irgendwas dazwischen. Mathematisch gesprochen gälte

weder $m > 0$ noch $m < 0$, also $m^2 > 0$, sondern $m^2 < 0$. Geht das
überhaupt? Macht das Sinn? Das macht theoretisch genauso viel
Sinn, wie wenn man behauptet, mit der imaginären Zahl i die
Lösung zu dem zunächst scheinbar unlösbaren Problem »Wie
lautet die Wurzel aus der Zahl -1?« gefunden zu haben. Das geht
innerhalb der Welt reeller Zahlen, die die reale Welt in der wir
leben beschreiben, nämlich nicht. Aber wenn man die Größe i
einfach definiert als $i^2 = -1$, dann geht es theoretisch doch und
es eröffnet sich damit ein ganz neuer imaginärer Zahlenraum.
Das verblüffende an diesem Trick ist, vereinigt man den reellen Zahlenraum mit dem imaginären zum sogenannten *komple-
xen Zahlenraum*, dann lassen sich ganz reale Probleme lösen, die
sonst nur schwer oder auch gar nicht mit nur reellen Zahlen lös-
bar waren. Von diesem Trick lebt ein ganzer und dazu renom-
mierter Bereich der höheren Mathematik, der sich *Funktionen-
theorie* nennt. Was mathematisch darstellbar ist, muss aber in
unserer Welt nicht unbedingt einer Realität entsprechen. Falls
doch, dann wäre, wie in der Mathematik, die imaginäre Welt
orthogonal zu unserer realen Welt, was bedeutet, die eine hätte
mit der anderen nichts zu tun und man käme daher nicht von
der einen in die andere und umgekehrt.

Tachyonen machen mathematisch Sinn

Was bedeutet Massen- bzw. Teilchen-Orthogonalität in unserer
Welt? Nehmen wir an, es gäbe solche Teilchen mit imaginären
Massen, also $m^2 < 0$. Nimmt man diese Teilchen und setzt sie
in die Gleichungen von Einsteins Spezieller Relativitätstheorie
ein, dann ergibt sich Verblüffendes. Zunächst sind die Gleichungen mit solch imaginären Massen kompatibel, was bedeutet, es
ergeben sich mit ihnen keine mathematischen Probleme: Mit
ihnen lassen sich die Gleichungen ebenfalls sinnvoll lösen, solange ihre Geschwindigkeit $v > c$ ist. Diese ungewöhnliche Eigen-

schaft war dem Physiker Gerald Feinberg im Jahr 1967 Grund genug, den Teilchen einen eigenen Namen zu geben, unabhängig davon, ob solche Teilchen irgendwelchen Realitäten entsprächen. Er nannte sie *Tachyonen* (vom griechischen Wort für »schnell«). Und um sie von den uns vertrauten Teilchen mit $m^2 > 0$ und $v < c$ zu unterscheiden, nannte er die letzteren *Tardyonen* (vom griechischen Wort für »langsam«, in modernerer, englischer Sprachweise auch *Bradyonen*) und die uns ebenfalls bekannten masselosen Teilchen, also $m^2 = 0$ und $v = c$, wie etwa die Lichtteilchen (Photonen), nannte er *Luxonen* (vom griechischen Wort für »Licht«).

Tachyonen sind also mit unserer Welt mathematisch kompatibel. Machen sie aber auch physikalisch einen Sinn? Darauf gebe ich im nächsten Kapitel eine Antwort.

»Unser kosmischer Horizont erweiterte sich erst, nachdem die Wissenschaftler im 17. Jahrhundert aufhörten, ›warum‹ oder ›wozu‹ zu fragen, und ihre Fragestellungen auf das ›Wie‹ konzentrierten.«

Samuel Sambursky (1900–1990)
Israelischer Wissenschaftshistoriker

SO FUNKTIONIEREN TACHYONEN

Tachyonen fliegen mit Überlichtgeschwindigkeit, aber komplett anders, als wir es in unserer Welt gewohnt sind.
Die Frage ist: Können wir uns diese Überlichtgeschwindigkeit zunutze machen?

D as Fazit des letzten Kapitels lautete: Wenn es Tachyonen gibt, dann müssen sie immer Überlichtgeschwindigkeit fliegen, darunter geht nicht. Umgekehrt können Tardyonen, also die uns bekannten Materieteilchen, nie schneller als Lichtgeschwindigkeit fliegen. Bleibt nur noch zu klären, ob wir mit Tachyonen irgendwie in Kontakt treten können, um ihre überlichtschnellen Eigenschaften zu nutzen, und ob es Tachyonen überhaupt geben kann.

Wie funktionieren Tachyonen?

Was für Eigenschaften haben die Tachyonen, die sich aus den Randbedingungen der relativistischen Gleichungen Einsteins ergeben? Die entscheidende relativistische Beziehung für beliebige Teilchen mit Energie E, Ruhemasse m_0 und Geschwindigkeit v lautet:

$$E = mc^2 = \frac{m_0 c^2}{\sqrt{1 - v^2/c^2}}$$

Teilchen sind real, wenn ihre Energie $E > 0$ ist und irreal, also nicht existent, für $E < 0$. Aus der Gleichung lesen wir ab, Tardyonen mit reeller Ruhemasse m_0 können nur real sein für $v < c$, denn dann ist die Wurzel reell. Tachyonen hingegen, mit ihrer imaginären Ruhemasse, sind real für $v > c$, weil dann auch die Wurzel imaginär wird. Ihre eventuell mögliche Existenz ergibt sich also rein mathematisch aus der kombinierten Irrealität ihrer Ruhemassen und der Irrealität von Überlichtgeschwindigkeit. Das bedeutet aber keineswegs, dass Tachyonen tatsächlich existieren müssen. Sie wären in Einsteins Spezieller Relativitätstheorie nur rein hypothetisch-mathematisch möglich.

Was passiert mit Tardyonen und Tachyonen, wenn sie ihre Geschwindigkeit ändern? Gemäß obiger Gleichung nehmen Tardyonen, in unserer Welt mit $v < c$, bei $v = 0$ ihre Ruhemasse ein. Bei zunehmender Geschwindigkeit nimmt ihre reelle Masse m zunächst sehr langsam, bei Annäherung an die Lichtgeschwindigkeit aber immer schneller zu, bis sie bei Lichtgeschwindigkeit unendlich groß wird. Sie können also nie Lichtgeschwindigkeit erreichen, weil sie bei der Annäherung irgendwann die gesamten Energien unseres Universums aufbrauchen würden, um sie per $E = mc^2$ in ihre immer größer werdende Masse zu stecken. Genau das ist der Grund, warum in unserer Welt nichts schneller fliegen kann als mit Lichtgeschwindigkeit, weil es logisch nicht möglich ist!

Wie sähe das bei Tachyonen aus? Ihre Masse variiert gemäß obiger Gleichung genauso wie bei normalen Teilchen, also den Tardyonen, mit der Geschwindigkeit. Aber in der verkehrten Welt der Überlichtgeschwindigkeit werden Tachyonen umso schwerer, je langsamer sie werden. Bei $v = c$ werden auch sie unendlich schwer. Nimmt die Tachyonen-Geschwindigkeit hingegen zu, dann nimmt, umgekehrt zu Tardyonen, ihre Masse ab. Bei $v = \sqrt{2} \cdot c$ erreichen sie ihre imaginäre Ruhemasse, wie man leicht durch Einsetzen in die Gleichung feststellen kann. Mit weiter zunehmender Geschwindigkeit magern sie immer weiter ab, bis bei unendlich großer Geschwindigkeit ihre Masse und damit auch ihre Energie theoretisch null wird. Um es krasser zu formulieren: Man muss Energie aufbringen, um sie zu verlangsamen!

Obwohl sich Tachyonen und Tardyonen also sehr unterschiedlich verhalten, unterliegen sie demselben Gesetz: Die Lichtgeschwindigkeit stellt für beide eine unüberwindliche Barriere dar. Sie leben in zwei getrennten Welten.

Fazit

Laut Einsteins Spezieller Relativitätstheorie gibt es unsere Welt, in der sich Materie nur mit weniger als Lichtgeschwindigkeit fortbewegen kann, und möglicherweise eine davon getrennte Welt, nämlich die der Tachyonen, in der sich Dinge stets schneller als Lichtgeschwindigkeit bewegen.

Die beiden Welten sind wie die beiden Königskinder, die nie zusammenkommen können. Unter diesen Umständen wäre es nicht auszuschließen, dass es ein paralleles Universum gibt, das neben dem unseren einher existiert und in dem es ausschließlich Tachyonen gibt und keine uns bekannten Teilchen. Aber das sind bisher reine Spekulationen, denn ein experimenteller Einblick in solche Welten wird uns im Prinzip für immer versagt bleiben.

Die verkehrte Welt der Tachyonen

Versetzen wir uns aber wenigstens logisch in die Welt der Tachyonen und betrachten, was dort passiert. Dass ihre Geschwindigkeit größer als Lichtgeschwindigkeit ist und ihre überaus bemerkenswerte Eigenschaft, dass diese sogar unendlich groß werden kann (unendlich ist wirklich verdammt schnell!), ist theoretisch verknüpft mit der Tatsache (worauf ich nicht näher eingehen will, weil zu kompliziert), dass die chronologische Ordnung von Ereignissen invertiert ist. Das heißt, Tachyonen könnten Signale in der Zeit beliebig schnell rückwärts übertragen. In den 1960er-

Jahren erkannte man die paradoxen Kommunikationsmöglichkeiten, die sich ergäben, wenn Tachyonen irgendwie mit Tardyonen in Kontakt treten könnten. Dann könnte man zum Beispiel ein Antitelefon aus Tardyonen bauen, mit dem man mit Tachyonen Informationen zurück in die Zeit senden könnte, was dem Kausalitätsprinzip widerspräche.

Eine krasse Form dieses Paradoxons wäre folgende Selbst-Zerstörungs-Maschine bei Star Trek: Ein feindlicher Eindringling auf dem Raumschiff Enterprise will das Raumschiff zerstören und sendet per Knopfdruck ein Zerstörungssignal per Tachyonen aus. Das Signal liefe in der Zeit zurück und würde die Enterprise zerstören, bevor der Eindringling den Knopf gedrückt hat. Da deswegen der Knopf aber gar nicht gedrückt werden konnte, wurde auch kein Zerstörungssignal ausgesandt, das die Enterprise hätte zerstören können. Weshalb der Knopf gedrückt und das Zerstörungssignal ausgesandt werden konnte. Wurde die Enterprise nun also zerstört oder nicht?

Tachyonen würden also die Kausalität in unserem Universum aufheben, womit unser Universum logisch zerfallen und »funktionsunfähig« werden würde.

Um wenigstens diese minimale Forderung an unser Universum zu retten, folgt: Sollte es Tachyonen geben, werden wir nie mit ihnen interagieren können.

Die bisherigen Betrachtungen der Tachyonen basierten auf der klassischen Relativitätstheorie Einsteins. Aber vielleicht bieten ja Quantentheorien eine Möglichkeit, die besonderen Eigenschaften von Tachyonen zu nutzen, und vielleicht geben sie uns Auskunft, ob Tachyonen überhaupt existieren? Das klären wir im nächsten Kapitel.

»*Wissenschaft ist ein Dialog zwischen der Menschheit und der Natur.*«

Ilya Prigogine (1917–2003)
Nobelpreis Chemie 1977

GIBT ES TACHYONEN?

Tachyonen kann es nicht geben – sagt die Quantentheorie. Werden modernere Theorien wie die Stringtheorie eine andere Antwort geben?

Das deprimierende Ergebnis meines vorigen Kapitels lautete, wir werden nie die überlichtschnellen Eigenschaften von Tachyonen für unsere Zwecke nutzen können. Jetzt kommt es aber noch schlimmer. Wie wir gleich sehen werden, schließt die Quantentheorie selbst die Existenz von Tachyonen aus, geschweige denn, dass sie für uns von Nutzen sein können! »Vielleicht werden zukünftige Theorien das anders sehen?«, mag da so mancher sagen. Nein, selbst dem scheint nicht so zu sein! Um das zu verstehen, müssen wir uns die Quantenmechanik etwas genauer anschauen. Aber keine Sorge, Sie werden alles verstehen. Garantiert.

Tachyonen quantenmechanisch betrachtet

Tachyonen sind hypothetische Teilchengeschöpfe aus Einsteins Spezieller Relativitätstheorie, einer Theorie der klassischen Mechanik im Grenzbereich der Lichtgeschwindigkeit. Betrachtet man Tachyonen aus Sicht der Quantentheorie, dann ergeben sich zwei Probleme. Ein reelles Teilchen, das im Vakuum Überlichtgeschwindigkeit fliegt, sollte theoretisch Tscherenkow-Strahlung ausstrahlen, die durch die Polarisation der virtuellen Teilchen des Vakuums erzeugt wird. Dabei verlören sie Energie und somit Masse, was sie aber, wie wir wissen, beschleunigen würde.

Das könnte zu einer ausufernden Kettenreaktion führen, denn eine größere Geschwindigkeit würde eine stärkere Tscherenkow-Strahlung erzeugen, bis schließlich der Tscherenkow-Blitz unendlich stark würde.

Dass wir trotz unserer hochentwickelten Experimentiertechnik solche paradoxen Fälle noch nie beobachtet haben, kann nur bedeuten, dass eine Tachyonenwelt entweder nicht existiert oder dass sie, aus welchen Gründen auch immer, nicht in Kontakt mit der unseren treten kann.

Das zweite Problem der Quantentheorie mit Tachyonen zerstört aber auch diese Möglichkeit. Denn die Quantentheorie besagt, dass Teilchen sowohl als Teilchen als auch als Welle betrachtet werden können und dass sich beide Betrachtungsweisen nicht widersprechen, sondern sogar ergänzen. Dieses Prinzip, der Teilchen-Welle-Dualismus, wie er in der Physik genannt wird, ist aber bei den Tachyonen nicht gewahrt. Hier widersprechen sich Teilchen- und Wellenbild. Löst man nämlich die den Tachyonen zugehörigen Wellengleichungen, dann erhält man zwei Alternativen: Entweder akzeptiert man, dass sich Tachyonenwellen langsamer als Lichtgeschwindigkeit ausbreiten – was ein mathematisches Faktum wäre und daher den Namen *einheitliche Ausbreitungsgeschwindigkeit* trägt, aber dem Teilchenbild eklatant widerspräche –, oder man erhält eine Welle, die sich mit Überlichtgeschwindigkeit ausbreitet, aber nirgendwo als Teilchen lokalisiert wäre. Mit anderen Worten: Die Welle, und mit ihr das Teilchen, ist überall und nirgendwo! Welche der beiden Alternativen man auch immer als Lösung zähneknirschend akzeptierte, aus beiden ergibt sich das erstaunliche Ergebnis, dass man mit Tachyonen in Form von Wellen keine Signale mit Überlichtgeschwindigkeit übermitteln kann. Denn entweder sie bewegen sich mit einer einheitlichen Ausbreitungsgeschwindigkeit, die kleiner ist als die Lichtgeschwindigkeit, oder sie sind schneller als das Licht, aber dann sind sie nicht fassbar! Was ist nun richtig, das zuvor beschriebene Teilchenbild, das in sich logisch inkonsistent ist, oder das Wellenbild, das unter den gleichen Problemen leidet und dazu noch im Widerspruch zum Teilchenbild steht? Man steht mit den Tachyonen in der Quantentheorie wahrlich vor einem logischen Trümmerhaufen.

Fazit
Die Quantentheorie schließt aus logischen Gründen die Existenz von Tachyonen aus.

Ist die Stringtheorie der Ausweg?
Ist dem wirklich so, oder haben Relativitätstheorie und Quantentheorie die Tachyonenwelt noch nicht vollständig verstanden, weil sie noch unvollständig sind? Hier könnte uns vielleicht eine noch nicht entworfene Quantenfeldtheorie, von der sich die Physiker die Lösung vieler anderer Probleme versprechen, weiterhelfen. Die Stringtheorie ist eine solche Quantenfeldtheorie, von der man aber noch nicht sicher weiß, ob sie unsere Welt richtig und vollständig beschreibt. Wie auch immer, Prof. Ashoke Sen ist ein Fachmann für Tachyonen in der Stringtheorie. Nach seiner Aussage können Tachyonen zwar als Strings beschrieben werden, aber sie sind keine realen Teilchen, die sich mit Überlichtgeschwindigkeit fortbewegen und eine imaginäre »Ruhemasse« haben, sondern eine instabile Konfiguration von Strings, die schnell zerfallen, sogenannte Tachyonen-Instabilitäten. Solche instabilen Tachyonen sollten seit dem Urknall, wo sie vielleicht entstanden sein könnten, längst zerfallen sein. Von exotischen Partikeln, die mit Überlichtgeschwindigkeit fliegen und von denen wir im Diesseits der Lichtgeschwindigkeit profitieren könnten, kann bei den Tachyonen der Stringtheorie also überhaupt keine Rede sein. Also Fehlanzeige.

Dass irgendeine spätere richtige Quantenfeldtheorie vielleicht einen Ausweg bieten könnte, widerspricht der bisherigen Erfahrung. Gestandene Theorien haben uns bisher ein im Großen und Ganzen konsistentes Bild der Natur geliefert. Erst wenn man an die Grenzen der Experimente und damit an die Grenzen so einer Theorie gelangte, waren neue Theorien notwendig, die die alten in diesen neuen Bereichen ergänzten, ihnen jedoch niemals widersprachen. Tachyonen, falls real, sollten also bereits innerhalb der Relativitätstheorie ein einigermaßen konsistentes Bild liefern, mit vielleicht einigen wenigen noch ungeklärten Fragen. Dem ist aber nicht so. Das Tachyonenbild ist sowohl innerhalb der Relativitätstheorie als auch innerhalb der Quantentheorie völlig inkonsistent. Das lässt vermuten, dass es die Tachyonenwelt tatsächlich nicht gibt.

Mit dieser Schlussfolgerung hätten wir sogar den Fall ausgeschlossen, dass eine Tachyonenwelt ohne Interaktion mit uns einher existieren könnte. Es gäbe nur unser Universum mit normalen Teilchen und Lichtteilchen und nichts weiter.

»Die Wahrheit triumphiert nie;
ihre Gegner sterben nur aus.«

Max Planck (1858–1947)
Deutscher Physiker, Begründer der Quantenphysik

MANCHES GEHT SCHNELLER ALS LICHT!

Nichts fliegt schneller als Lichtgeschwindigkeit,
aber manches geht doch!

Bei den Tachyonen hatten wir gesehen, dass massebehaftete Teilchen nicht schneller als Licht fliegen können. Es gibt aber besondere Effekte, da scheint es doch zu gehen, aber eben nur scheinbar.

Bei »Geschwindigkeit« denkt jeder an ein vorbeiflitzendes Auto. Warum sollte Geschwindigkeit limitiert sein? Ich gebe einfach immer weiter Gas, und so kann ich doch beliebig schnell werden?! Und wie war das noch mit der Schallmauer? Anfang des letzten Jahrhunderts glaubten doch auch viele, dass die Schallmauer eine Geschwindigkeitsgrenze sei, die man nicht durchbrechen könne. Sie wurde aber im Jahr 1947 erstmals und anerkanntermaßen durchbrochen. Können wir dann überhaupt all jenen trauen, die heute genauso behaupten, die Lichtgeschwindigkeit sei unüberwindbar? Wenn ich mit meinem Raumschiff kurz vor Lichtgeschwindigkeit bin, gebe ich einfach nochmals kräftig Gas und, schwupp, dann ist man doch da auch durch! Oder?

Die Schallmauer
Mit der Schallmauer war die Sache so: Natürlich wussten die Leute damals schon, dass manche Dinge schneller als Schallgeschwindig-

keit, also etwa 1200 km/h, fliegen können. Erstens flogen schon damals Gewehrkugeln schneller als der Schall, was man am Überschallknall hören kann, und zweitens sind außerhalb der Atmosphäre wegen des fehlenden Luftwiderstandes sowieso höhere Geschwindigkeiten möglich. Die Aerodynamiker, also die Leute, die sich mit dem Fliegen in der Atmosphäre beschäftigen, glaubten aber, dass der Überschallknall, der beim Durchdringen der Schallmauer entsteht, ein fragiles Flugzeug zerstören würde. Das war eine Vermutung, keine unwiderlegbare Behauptung.

Überlichtgeschwindigkeit in transparenten Medien

Die Situation bei Geschwindigkeiten nahe Lichtgeschwindigkeit in einem durchsichtigen Medium (also nicht Vakuum, etwa Wasser) ist sogar ähnlich wie Fliegen in der Atmosphäre. Gewisse Teilchen können hier schneller als das Licht fliegen, also mit Überlichtgeschwindigkeit. Etwa wenn kosmische Myonen mit typischerweise fast Lichtgeschwindigkeit in Wasser einschlagen.[4] Dabei entsteht, genauso wie beim Durchdringen der Schallmauer, eine Art Überschallknall, der sogenannte Machsche-Kegel, der die berühmte Tscherenkow-Strahlung aussendet. Denn das Myon fliegt aus den oberen Schichten der Atmosphäre kommend im Wasser der Meere mit knapp 300.000 km/s weiter, während Licht im Wasser nur 226.000 km/s schnell fliegen kann. Damit ist das Myon in Wasser 1,33-mal schneller als Licht. Voilà, Überlichtgeschindigkeit!

Das Vakuum ist entscheidend

Aber das ist gar nicht der Punkt, wenn Einstein behauptet: »Nichts fliegt schneller als Lichtgeschwindigkeit« und alle Wissenschaftler dem zustimmen. Gemeint ist, dass im Vakuum

---

4 http://hyperraum.tv/2014/03/04/pierre-auger-observatorium/

nichts schneller als Lichtgeschwindigkeit fliegen kann. Im Vakuum hat das Licht eine Geschwindigkeit von 300.000 km/s und das kosmische Myon liegt mit seiner Geschwindigkeit tatsächlich immer knapp darunter. Aber warum? Warum kann man dem Myon im Vakuum nicht noch einen kleinen zusätzlichen Stoß geben und, zack, Überlichtgeschwindigkeit? Die Antwort ist: Weil es logisch nicht möglich ist! Wer sich hier verblüfft die Augen reibt, der sollte jetzt entweder das ausführliche Kapitel *Einstein Trilogie – Nichts fliegt schneller als das Licht!* in meinem Buch *Im Schwarzen Loch ist der Teufel los* lesen oder das Kapitel *Gibt es Tachyonen?* in diesem Buch (siehe Seite 73 ff.). Dort habe ich den Grund genau beschrieben.

Fazit: Nichts fliegt im Vakuum des freien Raumes schneller als das Licht, nirgendwo in unserem Universum. Punkt, aus.

Drei Dinge gäbe es da noch zu klären. Das eine sind die berühmten Tachyonen, die, wenn es sie gäbe, immer schneller als Licht fliegen. Dass es die nicht geben kann, habe ich bereits in meinen Kapiteln über die Tachyonen in diesem Buch gezeigt.

Überlichtgeschwindigkeit, wenn nichts fliegt!

Bei einem anderen Effekt kann man sogar beliebig hohe Geschwindigkeiten erzeugen. Nehmen wir einen Laserpointer, halten ihn so, dass der Strahl von uns wegläuft, und drehen uns mit dem Laserpointer in einer Sekunde einmal um unsere eigene Achse. Dabei möge der Laserstrahl den Mond treffen. Wie schnell läuft dann der Laserstrahl über die Mondoberfläche? Das kann man leicht ausrechnen. Der Mond hat eine Winkelbreite von etwa 0,5°. Dafür braucht der Strahl etwa ½ (1/360) Sekunde = 1,4 Millisekunden. In dieser kurzen Zeit überstreicht der Laserpunkt den Mond mit einer Breite von etwa 3500 Kilometer. Und daher bewegt sich der Laserpunkt mit einer Geschwindigkeit von 3500 km / 0,0014 s = 2,5 Millionen Kilometern pro Sekunde über die Mondoberfläche. Das ist 8,4-mal schneller als das Licht! Geht Überlichtgeschwindigkeit also doch? Nur scheinbar. Denn tatsächlich bewegt sich ja nichts, ein Laserpunkt ist nichts Gegenständliches, sondern nur der Ort, an dem die Laserphotonen auf die Mondoberfläche auftreffen. Nur in unseren Gedanken scheint ein Punkt ein Objekt zu sein, was er nicht ist.

Superluminaler Tunneleffekt

Das dritte ist der quantenmechanische Tunneleffekt. Was ist das? Es gibt Hinweise darauf, dass ein Teilchen, das eine sogenannte Tunnelbarriere durchläuft, etwas schneller als Licht ist. Was passiert hier genau? Auf ganz kleinen Abständen von etwa unter 10 Nanometern funktioniert unsere Welt teilweise ganz anders, als wir sie kennen. Dies ist die Quantenwelt. Kleinste Teilchen, insbesondere Elementarteilchen, sind dann keine Teilchen mehr, sondern sie verhalten sich eher als Welle (De-Broglie-Welle). Außerdem können Elementarteilchen nanoskopisch dünne Barrieren überwinden, die ansonsten nicht überwindbar sind. Das wäre dasselbe, als würden Sie viele Millionen Mal gegen eine 10 Meter hohe Mauer laufen und plötzlich befänden Sie sich einmal auf der anderen Seite. Diesen Effekt nennt man Tunneleffekt. Was in unserer makroskopischen Welt nicht geht, geht in der Quantenwelt des Mikrokosmos.

Der radioaktive Zerfall von Kalium-40 in unserem Körper und somit die natürliche Radioaktivität menschlicher Körper und damit die genetische Mutation, die die menschliche Evolution hervorgerufen hat, basiert auf diesem quantenmechanischen Tunneleffekt. Ohne ihn gäbe es uns also nicht.

Jetzt kommt der Knackpunkt: Elementarteilchen ohne Spin, sogenannte spinfreie Bosonen, können eine Barriere mit etwas über Lichtgeschwindigkeit durchtunneln. Das wissen wir heute. Da ein Lichtteilchen ein solches Boson ist, durchquert Licht eine optische Barriere mit Überlichtgeschwindigkeit. Wenn es diesen Tunneleffekt auch in unserem Makrokosmos gäbe, hätten Sie in dem Fall, in dem Sie auf der anderen Seite der Mauer auftauchen, die Mauer mit Überlichtgeschwindigkeit überbrückt. Da Sie aber kein spinfreies Boson sind und zudem im Makrokosmos leben, wird dies nie passieren. Deswegen rate ich von jedem Eigenversuch dingend ab.

Überlichtgeschwindigkeit durch superluminales Tunneln?

Ist dieser sogenannte superluminale Tunneleffekt nicht der Beweis dafür, dass Überlichtgeschwindigkeit in unserem Universum doch möglich ist und Einstein unrecht hat? Nein, aus folgenden zwei Gründen. Ein Elementarteilchen mag sich zwar über die Strecke der Barriere mit leicht Überlichtgeschwindigkeit bewegen, aber das ist aus klassischer Sicht – genau das ist die Einsteinsche Relativitätstheorie – kein freier Raum, also Raum, in dem sich etwas frei bewegen kann. Formal gesehen, wird die Wellenfunktion des Teilchens, also das, was es ausmacht, in der Barriere imaginär, da die Teilchenenergie kleiner ist als die potenzielle Energie der Barriere. Daher existiert das Teilchen im Bereich der Barriere eigentlich gar nicht.

Der zweite Grund ist folgender: Superluminales Photonentunneln ist heute mit sogenannter evaneszenter Wellenausbreitung erklärbar. Dabei wird die Pulswelle, die die Barriere durchläuft, im hinteren Teil stärker gedämpft als im vorderen. Dies verformt den Puls hinter der Barriere so, dass das <u>Maximum</u> des Pulses (und das ist entscheidend) früher auf der anderen Seite ankommt als das Maximum des Pulses ohne Barriere. Aber das ist für Übertragung der Pulssignal-Information (hier 1 Bit) irrelevant, denn das erste, was ein Detektor auf der anderen Seite der Barriere sieht, ist der Fuß des Pulses, also der erste Anstieg des Puls-Signals. Wenn er den detektiert, ist die

Information bereits übertragen. Aber genau dieser Fuß bleibt, wie man experimentell feststellen konnte, durch die Dämpfung zeitlich unverändert. Die Dämpfung der Tunnelbarriere verschmiert nur die Breite des Pulses und sein Maximum, nicht den informationsbestimmenden Fuß. Die Geschwindigkeit der Informationsübertragung bleibt also unverändert. Und das ist der entscheidende Punkt in unserer Welt: Information lässt sich nie mit Überlichtgeschwindigkeit übertragen. Genau das garantiert die Kausalität in unserem Universum, was ich früher schon als den Zement unseres Universums bezeichnet habe.

Statt also zu sagen: »Nichts fliegt im Vakuum des Raumes schneller als Lichtgeschwindigkeit!«, müsste es genauer heißen: »Im Vakuum des Raumes gibt es nichts, was Informationen schneller überträgt als das Licht!«. Das ist die eigentliche Essenz der Einsteinschen Relativitätstheorie, und daran ändert auch superluminales Tunneln nichts.

Wie sagte Einstein doch, als er die raffinierte Komplexität seiner Relativitätstheorie überblickte, die dennoch in sich absolut logisch ist: »Raffiniert ist der Herrgott, aber boshaft ist er nicht.«

»*Wissenschaft ist wie ein Boot,
das wir Planke für Planke aufbauen,
während wir uns
mit ihm über Wasser halten.*«

Otto Neurath (1882–1945)
Philosoph des Wiener Kreises

KANN ES EIN PERPETUUM MOBILE GEBEN?

Es gibt Prinzipien in unserer Welt, etwa das unmögliche Perpetuum mobile, da lassen die Wissenschaftler einfach nicht mit
sich reden. Warum eigentlich?

Die Anregung zu diesem Thema erhielt ich durch einen Artikel
der FAZ vom 12.11.2013, in dem eine Erfindung von Thomas
Engel unter der Rubrik *Technik* vorgestellt wurde. Demnach hat
der Erfinder eine neue Art Motor entwickelt, der aus ungeklärten
Gründen ohne Treibstoff läuft und läuft und läuft.[5]
Versuchen wir eine Klärung dieses ominösen Quanten-
magnetmotors, über den Physiker nur den Kopf schütteln. Was
die Medien in vielen Artikeln, wie dem über den »Quanten-
motor« von Thomas Engel, und so mancher Bürger den Physikern immer wieder vorwerfen, ist doch: Wie können die nur
so stur sein und selbst dann ein Perpetuum mobile anzweifeln,
wenn es in Form eines realen Motors vor euch steht, der läuft
und läuft und läuft?
Die zunächst etwas formale Antwort der Physiker lautet: Ein Perpetuum mobile wäre, wenn es das gäbe, eine Vor-
richtung, die aus dem Nichts Arbeit verrichten würde. Da
Arbeit physikalisch eine Form der Energie ist, bedeutet dies,
dass ein Perpetuum mobile Energie einfach so erzeugen kann.

---

5 https://www.psiram.com/de/index.php/Magnetmotor_nach_Engel

Da dies aber, wie wir gleich sehen werden, gegen grundlegende
Eigenschaften unseres Universums verstößt, muss der Motor
irgendwo eine externe Energiequelle haben, weswegen er ein
ganz normaler Motor ist.

Jetzt gehen wir ins anschaulichere Detail. Es gibt zwei grund-
legend verschiedene Typen von vermeintlichen Perpetua mobilia.

Das Perpetuum mobile erster Art

Das der ersten Art ist das Perpetuum mobile schlechthin: Energie
aus dem Nichts, einfach so. Die christliche Theologie kennt ein
Creatio ex nihilo. Auch Leonardo da Vinci (1452–1519) unterlag
dem Glauben, dass so etwas möglich sei, und entwickelte mehrere Geräte, die das zeigen sollten. Er scheiterte. Warum kann
das nicht funktionieren?

Der oft vorgeschobene Grund ist der Energieerhaltungssatz der Physik. Er besagt, in einem abgeschlossenen physikalischen System (das heißt, da kann weder Energie noch sonst
etwas rein oder raus) wie einem Perpetuum mobile kann Energie weder vernichtet noch erzeugt werden. Jetzt könnte man
mit Recht fragen, warum das immer gelten sollte. Tatsächlich
gibt es einen tieferen Grund, warum der Energieerhaltungssatz
und auch alle anderen Erhaltungssätze der klassischen Physik
immer gelten müssen.

Das sogenannte Noether-Theorem stellt nämlich eine Beziehung zwischen den Erhaltungssätzen einerseits und den
grundlegenden Eigenschaften unseres Universums andererseits
her: Aus der Homogenität der Zeit (die physikalische Zeit läuft
immer gleichmäßig) folgt die Energieerhaltung, aus der Homogenität des Raumes (Raum verhält sich an allen seinen Punkten
gleich) folgt die Impulserhaltung, und aus der Isotropie des Raumes (Raum verhält sich in alle Richtungen gleich) folgt die Dreh-
impulserhaltung. Würde also das Prinzip der Energieerhaltung

nicht gelten, dann wäre die Zeit inhomogen. (Wohlgemerkt die Zeit selbst. Vorgänge in der gleichmäßig verlaufenden Zeit können durch äußere Einflüsse mal langsamer, mal schneller ablaufen.) und wir könnten uns auf nichts mehr im Universum verlassen. Ein Uhrenpendel würde plötzlich und ohne äußeres Zutun einmal langsamer, ein anderes Mal schneller schwingen. Die Erde würde auf ihrer Bahn um die Sonne plötzlich langsamer (eine bestimmte Strecke auf der Umlaufbahn in längerer Zeit) und manchmal schneller (dieselbe Strecke in kürzerer Zeit) werden. Das würde wegen der mit der Geschwindigkeit sich ändernden Zentrifugalkraft dazu führen, dass sich die Erde der Sonne stark nähern und die Ozeane verdampfen würden und irgendwann später wieder schneller kreisen würde, was ihren Abstand so weit vergrößerte, dass alle Ozeane vereisen würden. Dies alles passiert zum Glück nicht. In unserer Welt geht halt alles mit rechten Dingen zu, und deswegen kann es kein Perpetuum mobile erster Art geben.

Das Perpetuum mobile zweiter Art

Das Perpetuum mobile zweiter Art ist etwas subtiler. Es basiert auf der Idee, im Raum gleichverteilte Wärmeenergie ohne Arbeitsaufwand ungleich verteilen zu können (etwa mit dem Maxwellschen Dämon) und diese Ungleichverteilung zum Antrieb von Maschinen zu nutzen, also Energie zu erzeugen. Die Atmos-Uhr oder der Trinkvogel sind interessante scheinbare Perpetua mobilia[6] zweiter Art. Als Grund für die Unmöglichkeit eines Perpetuum mobile zweiter Art wird meist der Verstoß gegen den zweiten Hauptsatz der Thermodynamik genannt, demzufolge sich die Entropie eines abgeschlossenen Systems nie verringern kann – es kann also keinen Maxwellschen Dämon

---

6 http://www.hp-gramatke.de/perpetuum/german/page0100.htm

geben, der durch seine Umverteilungsarbeit nicht mehr Energie verbraucht, als er durch seine Arbeit erzeugen kann. Man könnte mit Recht die allgemeine Gültigkeit des zweiten Hauptsatzes anzweifeln. Aber auch hier steckt etwas Grundlegenderes dahinter. Es ist das Postulat der Physik, dass in unserer Welt letztendlich alles nicht teleologisch – es gibt kein höheres Wesen (keinen Maxwellschen Dämon oder göttliches Wesen), das Abläufe in unserer Welt gezielt und mit Energieaufwand steuert – sondern rein zufällig passieren muss. Es lässt sich zeigen, dass aus diesem Postulat der zweite Hauptsatz der Thermodynamik folgt. Also auch hier folgt aus der Annahme, dass in unserer Welt alles mit rechten Dingen zugeht, dass es kein Perpetuum mobile, diesmal zweiter Art, geben kann.

Fazit

Wenn in unserer Welt alles mit rechten Dingen zugeht, dann müssen alle angeblichen Perpetua mobilia, also auch der »Quantenmagnetmotor« von Thomas Engel letztendlich Schein-Perpetua-mobilia sein. Anders ausgedrückt: Scheinbare Perpetua mobilia sind in Wirklichkeit keine abgeschlossenen Systeme, sondern stehen, oft in subtiler Weise, in Wechselwirkung mit ihrer Umgebung und beziehen daraus ihre Energie, die sie in Bewegung bringt. Um ein angebliches Perpetuum mobile zu entlarven, muss man es also nur rigoros von der Außenwelt isolieren, dann bleibt es stehen.

Raffiniert ist der Herrgott, aber boshaft ist er nicht

Interessant wird es, wenn man sich die physikalischen Grundprinzipien, eingeschlossen die Erhaltungssätze, auf immer kleineren Skalen (Abständen) anschaut. Alles bleibt unverändert, bis man im atomaren Bereich ankommt. Hier gelten keine klassischen Gesetze mehr, sondern quantenmechanische. Die lassen gemäß der Heisenbergschen Unschärferelation Verletzungen der Homogenität und Isotropie von Raum und Zeit zu. Diese Verletzungen wiederum bedeuten eine Verletzung der entsprechenden Erhaltungssätze, wenn auch nur in extrem geringen Maße, nämlich von der Größe des winzigen sogenannten Planckschen Wirkungsquantums. Man muss sich solche Verletzungen vorstellen, wie wenn man sich einen durch den Wind leicht gekräuselten See anschaut. Von Weitem ist die Oberfläche glatt (entspricht der konstanten Energie). Erst wenn man nahe herangeht, sieht man die kleinen Abweichungen. Und so wie bei großen Abständen vom See die Kräuselung nicht mehr sichtbar ist, genauso mitteln sich auf größeren Skalen diese zufälligen quantenmechanischen Verletzungen zu den klassischen Erhaltungssätzen heraus.

Übrigens, auch das Grundprinzip der Speziellen Relativitätstheorie, nämlich »Nichts fliegt im Vakuum schneller als Lichtgeschwindigkeit«, wird auf Quantenebene verletzt. Beim sogenannten superluminaren Tunneln können Teilchen atomare Abstände mit Überlichtgeschwindigkeit überbrücken. Selbst solch kleine Verletzungen ziehen aber ein großes Problem nach sich: Laut Spezieller Relativitätstheorie verletzen sie in unserer Welt Ursache und Wirkung, also die Kausalität. So wäre bei einem Duell der Gegner schon tot, noch bevor man den Abzug betätigt, oder das Licht geht an, bevor man den Schalter betätigt. Logisch gesehen würden also selbst kleinste Verletzungen irrwitzige Folgen haben. Es konnte aber gezeigt werden (siehe etwa das Buch *Tunneleffekt – Räume ohne Zeit*), dass mit superluminarem Tunneln keine Informationen mit Überlichtgeschwindigkeit übertragen werden können und folglich die Kausalität nicht auf den Kopf gestellt wird. (Einsteins Spezielle Relativitätstheorie ist halt keine Quantentheorie und kann im mikroskopischen Bereich irren.) Daher kann man in Worten des Philosophen David

Hume (1711–1776) die Kausalität mit Fug und Recht als den Zement unseres Universums bezeichnen. Die wird wirklich niemals verletzt. Daher wurde die Nachricht von CERN-Physikern im Jahr 2011[7], Neutrinos könnten über große Entfernungen schneller als Licht fliegen, von den meisten Physikern bezweifelt, was sich später auch als richtig herausstellte.[8]

---

7 http://www.spiegel.de/wissenschaft/natur/neutrinos-schneller-als-das-licht-physiker-raetseln-ueber-rasende-teilchen-a-787972.html

8 http://www.spiegel.de/wissenschaft/mensch/ueberlichtgeschwindigkeit-das-web-lacht-ueber-absurde-neutrino-witze-a-788156.html

AUCH UNSERE NATUR KANN VERRÜCKT SEIN

»*Wir waren aufgebrochen, um den Mond
zu erkunden, doch wir entdeckten die Erde.*«

William Anders (*1933)
Apollo-8-Astronaut im Dezember 1968

WARUM DER MOND
ZWEI FLUTEN MACHT,
STATT NUR EINE

Da der Mond in 24 Stunden einmal um die Erde wandert,
müsste die von ihm erzeugte Flut ebenso schnell
um die Erde wandern. Tatsächlich gibt es aber zwei Flutberge
in 24 Stunden. Warum?

Neben den vielen Briefen, die ich über die Zeit so erhalte, bekam
ich einen besonders interessanten von Herrn Thomas Schärer aus
Zürich. Er schrieb, er hätte gehört, durch Radarmessungen sei bewiesen worden, der Mond entferne sich mit der Zeit immer weiter von der Erde. Aber das sei doch gerade gegen jede menschliche
Intuition, so er weiter. Denn wie ein Satellit auf seiner Erdumlauf-
bahn durch die Restatmosphäre abgebremst und dadurch der
Erde immer näher kommt, bis er verglüht, würde doch der Mond
durch die Gezeitenkräfte ebenfalls abgebremst und müsste sich
daher in Richtung Erde und nicht von ihr wegbewegen! Andererseits bezweifle er keineswegs die Richtigkeit der Radarmessungen
und fragte, wo denn nun der Denkfehler bei ihm liege. Aber, bitte
schön, keine Formeln, sondern eine möglichst einfache Erklärung:

Lieber Thomas, die menschliche Intuition ist halt nicht immer
verlässlich, und tatsächlich liegt bei deinen Überlegungen ein
Denkfehler vor. Kein Wunder, denn die Sache ist tatsächlich etwas
verzwickt, weswegen ich ganz vorsichtig und langsam erklären will.

Wirkung der Erdatmosphäre

Nehmen wir die Internationale Raumstation in 400 Kilometern Flughöhe über der Erde. Deren kreisförmige Umlaufgeschwindigkeit beträgt dort 28.000 Kilometer in der Stunde. Wie in jeder kreisförmigen Umlaufbahn ist die durch die Umlaufgeschwindigkeit hervorgerufene, nach außen wirkende Zentrifugalkraft exakt so groß wie die nach innen gerichtete Erdanziehungskraft, die dort oben immerhin noch 91 Prozent von der auf der Erdoberfläche beträgt. Übrigens, Astronauten erleben im Shuttle Schwerelosigkeit, nicht wie viele Menschen glauben, weil es dort keine Erdanziehungskraft mehr gibt, sondern weil sich Erdschwere und Zentrifugalkraft eben exakt aufheben.

Die ISS würde in alle Ewigkeit um die Erde kreisen, gäbe es in 400 Kilometern Höhe nicht eine geringe irdische Restatmosphäre, die die ISS immer ein wenig abbremst. Weil dadurch die Umlaufgeschwindigkeit der ISS leicht abnimmt, verringert sich auch die Zentrifugalkraft. Die Erdanziehungskraft übersteigt dann die Zentrifugalkraft ein wenig, und die ISS nähert sich langsam der Erde. Dabei gelangt sie in noch tiefere und damit dichtere Luftschichten, wird durch die zunehmende Luftdichte noch stärker abgebremst, bis sie nach ungefähr 250 Tagen auf die Erde stürzen und verglühen würde. Die ISS muss daher in regelmäßigen Abständen beschleunigt und wieder auf die ursprüngliche Bahnhöhe angehoben werden.

Schauen wir uns nun den Mond an: In einer mittleren Entfernung von 384.000 Kilometern von der Erde befindet er sich weit weg von der irdischen Atmosphärenhülle und wird daher nicht mehr von ihr abgebremst. Selbst die Fernsehsatelliten im sogenannten geostationären Orbit in »nur« 36.000 Kilometern Höhe werden praktisch nicht mehr von der Restatmosphäre beeinflusst. Sie würden in jenen Höhen erst nach Millionen von Jahren in die Erdatmosphäre eintreten und verglühen. Der Mond

wird daher von der Erdatmosphäre überhaupt nicht abgebremst.
Aber er erfährt ein ganz anderes Wechselspiel mit der Erde.

Schwerkraft + Zentrifugalkraft = Gezeitenkraft

Der Grund sind die Gezeitenkräfte. Wie entstehen diese? Zunächst ist zu bedenken: Erde und Mond kreisen um einen gemeinsamen Schwerpunkt, der nicht mit dem Erdmittelpunkt
zusammenfällt, sondern etwa 4700 Kilometer daneben, zum
Mond hin, aber immer noch innerhalb der Erdkugel liegt (siehe
Abbildung).

Der Mond kreist in 27 Tagen nicht nur einmal um die Erde, sondern eigentlich
kreisen Mond und Erde um einen gemeinsamen Schwerpunkt, der innerhalb der
Erde auf der Verbindungsgeraden etwa 4700 Kilometer vom Erdmittelpunkt ent-
fernt liegt, hier dargestellt durch die gemeinsame Rotationsachse durch den
Schwerpunkt. Dabei erzeugen die Gezeitenkräfte zwei Flutberge: einen auf der
Vorder- und den anderen auf der Hinterseite der Erde. (Quelle: Ulrich Walter)

Das mondsynchrone Kreisen der Erde um diesen gemeinsamen
Schwerpunkt sieht aus wie ein »Herumeiern«. Dabei gilt: Genau
im Erdmittelpunkt gleichen sich die einwirkende Schwerkraft
des Mondes und die Zentrifugalkraft durch die Umkreisung

um den gemeinsamen Schwerpunkt aus. Nun ist die Erde aber bezüglich des Erd-Mond-Abstandes relativ groß. Daher gleichen sich diese beiden Kräfte nur in der Erdmitte exakt aus und nicht an ihrer Vorder- und Hinterseite: Auf der Seite, die dem Mond zugewandt ist, überwiegt die Anziehungskraft des Mondes ein wenig, weil sie etwas näher am Mond liegt, während umgekehrt auf der dem Mond abgewandten Seite die Mondanziehungskraft etwas geringer ist als die Zentrifugalkraft (siehe nachfolgende Abbildung). Es entstehen also zwei Nettokräfte, mondseitig eine überschüssige Gravitationskraft, die diesen Teil der Erde in Richtung Mond zieht und auf der gegenüberliegenden Seite eine überschüssige Zentrifugalkraft, die sie weg vom Mond zieht. Diese beiden in entgegengesetzte Richtungen wirkenden Nettokräfte nennt man Gezeitenkräfte.

Die Entstehung der Gezeitenkräfte: Nur im Erdmittelpunkt B heben sich die Mondanziehungskraft und die Zentrifugalkraft der Erd-Mond-Umdrehung exakt auf. Mondseitig (Punkt A) ist die Mondanziehungskraft stärker und auf der gegenüberliegenden Seite (Punkt C) überwiegt die Zentrifugalkraft die Mond-anziehungskraft. Die entstehenden Nettokräfte sind gerade die Gezeitenkräfte. (Quelle: Ulrich Walter)

Die Erde ist ein Rugbyball

Unter dem Einfluss dieser beiden Kräfte dehnt sich die Erde ein wenig aus und nimmt eine leicht ellipsoide Form an; sie sieht dadurch fast wie ein Rugbyball aus, dessen Längsachse in Richtung Mond weist. Diese Anhebung der Erdmassen im Gezeitentakt beträgt immerhin 40 Zentimeter. Davon bekommen wir nichts mit, weil sich alles um einen herum auch hebt und senkt, und man deshalb keinen Referenzpunkt hat. Dies ist bei den Ozeanen etwas anderes, denn Wasser kann sich verschieben und den Gezeitenkräften folgen. Daher entsteht ein etwas größerer Wasserbuckel auf der dem Mond zugewandten Seite der Erde und ein zweiter gleich großer Wasserbuckel genau auf der anderen Seite der Erde. Das Meerwasser wird dabei von weiter entfernten Stellen auf der Erde abgezogen. Weil es nun zwei und nicht nur einen Wasserbuckel auf der Erde gibt – wie man naiverweise erwartet hätte –, unter denen sich die Erde in 24 Stunden einmal durchdreht, gibt es auch zwei Fluten innerhalb 24 Stunden und nicht nur eine.

Übrigens: Auch der Mond hat durch die Gravitationskraft der Erde eine leichte Rugbyball-Form. Jedoch bleibt seine Längsausdehnung fix, weil sich der Mond nicht wie die Erde unter der Verbindungslinie zur Erde durchdreht, sondern er sich synchron mit ihr dreht – der Mond weist uns immer dieselbe Seite zu.

*»Jeder weiß, dass der Mond
aus Käse gemacht ist.«*

Wallace & Gromit
Comicfiguren

BYE BYE, MOND!

Warum der Tag früher nur 10 Stunden hatte
und wir den Mond verlieren werden.

Ich habe im letzten Kapitel beschrieben, warum die Erde zwei gegenüberliegende Flutberge hat, statt wie erwartet nur einen. Das erklärt, warum es innerhalb von 24 Stunden zwei Fluten gibt und nicht nur eine.

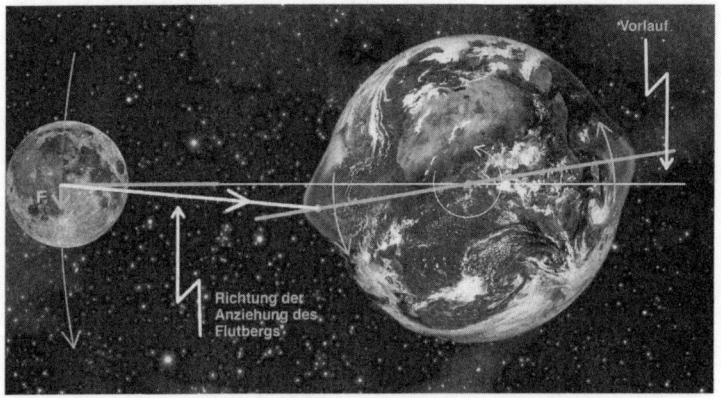

Beschleunigung des Mondes: Durch die Erddrehung werden die Flutberge mitgerissen und laufen den Gezeitenkräften um einen gewissen Winkel voraus. Die geringe zusätzliche Gravitationskraft zwischen dem vorauseilenden mondseitigen Flutberg und dem Mond führt zu einer effektiven beschleunigenden Kraft F des Mondes in Umlaufrichtung. (Quelle: Ulrich Walter)

Flutberge bremsen die Erde

Aber jetzt wird es erst richtig interessant! Wie in der Abbildung dargestellt, wirken diese beiden Flutberge ihrerseits wieder zurück auf die Erde und den Mond. Durch die leichte Zähigkeit des Wassers bremsen die beiden Flutberge die Erde stets ein wenig ab, das heißt, die Umdrehungsgeschwindigkeit der Erde nimmt langsam, aber stetig ab. Obwohl diese Gezeitenbremse eine Leistung von fünf Milliarden PS erzeugt, hat die Erde eine so gigantische Drehenergie, dass diese Bremsleistung selbst in 100.000 Jahren eine Zunahme der Tageslänge von nur 1,6 Sekunden bewirkt. Immerhin addiert sich das aber über die Jahrmillionen kontinuierlich auf. So lässt sich an der »Korallenuhr« (Die Wachstumslinien von Korallen hängen von den Jahreszeiten und der Tageslänge ab. Während über die Jahrmillionen die jahreszeit-abhängigen Linien von fossilen Korallen immer gleich blieben, änderten sich die tageslänge-abhängigen. Aus dem Verhältnis der beiden kann man die Tageslänge bestimmen.) ablesen, dass vor 400 Millionen Jahren ein Tag nur 22 Stunden hatte, und Untersuchungen an fossilen Algen belegen, dass vor zwei Milliarden Jahren ein Erdentag sogar nur vier Stunden lang war.

Schauen wir nun noch etwas genauer hin. Die Drehung der Erde beinhaltet sowohl Rotationsenergie als auch Drehimpuls. Nimmt die Drehgeschwindigkeit der Erde nun ab, nehmen auch die Rotationsenergie und der Drehimpuls der Erde ab. Die Erhaltungssätze der Physik besagen aber, dass in dem abgeschlossenen System »Erde plus Mond« Energie und Drehimpuls immer erhalten bleiben. Wo gehen nun die überschüssige Rotationsenergie und der Drehimpuls der Erde hin?

Nehmen wir zunächst die Rotationsenergie. Energie hat im Gegensatz zum Drehimpuls die besondere Eigenschaft, dass sie sich in verschiedene Formen umwandeln kann, und genau das tut die überschüssige Rotationsenergie auch. Sie wandelt sich durch die Reibung der Erde an den Flutbergen teilweise in Wärme um, sodass die Temperatur der Ozeane unmerklich zunimmt. Diese Wärmeenergie wird nachts in den Weltraum abgestrahlt.

Flutberge beschleunigen Mond

Mit dem restlichen Teil der überschüssigen Rotationsenergie beschleunigt die Erde den Mond. Wie funktioniert das? Nun, wegen der leichten Zähigkeit des Meerwassers liegen die Flutberge nicht exakt auf der Verbindungslinie zwischen Erdmittelpunkt und Mondmittelpunkt, sondern werden von der Erddrehung mitgerissen und laufen der Mondbewegungsrichtung leicht voraus. Die sehr geringe Gravitationswechselwirkung zwischen dem mondseitigen Flutberg und Mond führt dazu, dass die Anziehungskraft der Erde auf den Mond nicht exakt zur Erdmitte weist, sondern etwas in Richtung des mondseitigen Flutbergs, und daher der Mond in Bewegungsrichtung beschleunigt wird (siehe Kraft F in der vorigen Abbildung). Zwar nur äußerst gering, aber immerhin.

Diejenigen, die eher mechanisch denken, können sich das Wechselspiel zwischen Mond und Erde auch so vorstellen: Über die Gravitationswechselwirkung zwischen Flutberg und Mond entsteht ein langer Hebelarm. Über diesen Hebel und durch die Zähigkeit des Wassers, sozusagen als Bremsflüssigkeit, bremst der Mond die Erde langsam ab. Umgekehrt bewirkt die Drehung der Erde über die Bremsflüssigkeit Wasser und den langen Hebelarm ein Drehmoment auf den Mond, der dadurch in Flugrichtung beschleunigt wird. Die ein wenig höhere Umlaufgeschwindigkeit des Mondes bewirkt eine leicht höhere Zentrifugalkraft, die nun etwas größer ist als die Erdanziehungskraft: Der Mond driftet deswegen ganz, ganz langsam nach außen von der Erde weg.

Der Mond entfernt sich von der Erde

Dieses Wegdriften hat man in der Vergangenheit durch Radarmessungen nachvollziehen können; sehr viel genauer lässt sich
dies heutzutage mit Lasern beweisen. Seit nämlich die Apollo-
11-Astronauten während ihres Mondbesuchs Laserreflektoren
(das sind Katzenaugen, die das Licht in genau die Richtung
zurückspiegeln, von wo es herkommt) aufgestellt haben, lässt
sich mit einem reflektierten Laserstrahl die Entfernung zwischen
Erde und Mond zentimetergenau messen. Die Messungen er-
gaben, dass der Mond derzeit um jährlich 3,8 Zentimeter von
der Erde wegdriftet. Das entspricht übrigens in etwa der gleichen Geschwindigkeit, mit der sich durch die Kontinentalver-
schiebung Nordamerika von Europa wegbewegt.

Dies ist die eine Sichtweise des Phänomens eines weg-
driftenden Mondes. Es gibt aber auch noch eine andere. Die
Erde verliert schließlich neben der Rotationsenergie auch noch
Drehimpuls, und der muss auch irgendwo hin. In dem abgeschlossenen System Erde-Mond gibt es drei Beiträge zum
Gesamtdrehimpuls: die Eigendrehung der Erde, die des Mondes und schließlich die Drehung des Mondes um die Erde. Die
Eigendrehung des Mondes ist bekanntlich konstant. Sie ist mit
der Umlaufbewegung des Mondes um die Erde im Gleichschritt,
»gelockt« wie man sagt, genauso wie die Eigendrehung des Merkur um die Sonne »gelockt« ist. Warum so etwas passieren kann,
ist eine ganz andere, interessante Angelegenheit, die wir hier
aber nicht zu untersuchen brauchen.

Wenn nun der Eigendrehimpuls der Erde langsam abnimmt,
dann muss der Drehimpuls des Mondes um die Erde zunehmen,
sonst wäre der Drehimpulserhaltungssatz verletzt. Der überschüssige Drehimpuls der sich langsamer drehenden Erde wandert also in einen langsam zunehmenden Drehimpuls des Mondes um die Erde. Es lässt sich zeigen, dass der Drehimpuls »Mond

um Erde« nur dadurch wachsen kann, dass sich der Abstand des
Mondes von der Erde vergrößert (der Drehimpuls »Mond um
Erde« ist mathematisch gesprochen proportional zur Wurzel aus
dem Abstand Mond-Erde): Der Mond muss sich also von der
Erde wegbewegen, weil sich die Erde durch die Gezeitenbremse
immer langsamer dreht. Dieses Wegdriften gekoppelt mit der
Abnahme der Erdrotationsgeschwindigkeit wird immer weiter-
gehen, bis sich die Erde um sich selbst genauso schnell drehen
wird wie der Mond um die Erde. Dann erst wird es keine Ge-
zeitenreibung und somit keinen Drehimpulsaustausch mehr
geben.

Und so fügt sich fast wie ein Zauber alles wieder zusammen.
Etwas Rotationsenergie wandert in den Mondumlauf und er-
füllt damit gleichzeitig den Drehimpulserhaltungssatz. Mit Zauber hat das natürlich nichts zu tun. Alle Prozesse sind mathematisch über Gleichungen miteinander verkoppelt. Das eine kann
nicht ohne das andere passieren. Aber weil ich keine Gleichungen vorführen, sondern eine verständliche Erklärung in Worten
geben wollte, scheint manches wie Zauberei – wie so manches im
Leben, wenn man den Dingen nicht vollständig auf den Grund
geht. Aber das überlassen wir lieber den Physikern und erfreuen
uns ein wenig an dem scheinbaren Zauber.

»Am ersten Tag deutete jeder von uns auf sein Land. Am dritten oder vierten Tag zeigte jeder auf seinen Kontinent. Ab dem fünften Tag gab es für uns nur noch eine Erde.«

Sultan Bin Salman al-Saud (*1956)
Shuttle-Astronaut im Juni 1985

WARUM IST DIE ERDE BLAU?

Warum sind die Meere blau und die Mondfinsternis rot?
Beides hängt miteinander zusammen, aber anders
als man vielleicht denkt.

Alexander Gerst (*1976) nannte seine erste Mission auf die
Raumstation *Blue Dot*, der blaue Punkt, weil aus den unend-
lichen Weiten des schwarzen Weltraums unsere Erde wie ein
kleiner blauer Punkt leuchtet. Schauen Sie sich das folgende Bild
an. Es zeigt die Internationale Raumstation vor dem typischen
Blau der Erde.

Die Internationale Raumstation vor dem Hintergrund der blauen Erde, hier dunkel-
grau. (Quelle: NASA)

Es beantwortet die Frage, was an unserer Erde so blau ist. Es sind die Weltmeere. 71 Prozent der Erdoberfläche ist mit Wasser bedeckt, und das leuchtet wunderbar blau. Aber warum blau? Bis vor drei Jahren habe ich mir darüber keine Gedanken gemacht und glaubte, was wohl jeder Mensch denkt: Weil Wasser nun einmal blau ist. Jeder Taucher sieht es, und ein Blick in ein Schwimmbecken bestätigt es, Wasser ist blau. Dieses Blau entstände durch die Absorption des Rotanteils des weißen Lichts durch die Wassermoleküle. Übrig bliebe der blaue Lichtanteil, den wir sehen können. Je weniger Wasser umso geringer der Effekt, weshalb wenig Wasser in einem Glas nicht blau erscheint. Ist das wirklich so? Jein!

Warum ist das Wasser unter Wasser blau?

Gehen wir dem Blau des Wassers auf den Grund, nämlich den Wassermolekülen, die vibrieren können. Es sind zwei Dehnungsformen, die von der Welle des Rotlichtes des einfallenden weißen Sonnenlichtes angeregt werden, somit dieses Rot absorbieren und daher den Rest des Lichtes, nämlich den Blauanteil, übrig lassen, den man dann sieht. Daher wird das Wasser umso blauer, je tiefer man taucht. Insofern ist die obige Vermutung richtig. Wasser im Freibad ist zwar auch schön blau, aber hauptsächlich deswegen, weil die Wände und der Boden blau angestrichen sind, und nur ein bisschen zusätzlich blau wegen des Rot-Absorptionseffektes.

Warum sehen die Meere aus dem All blau aus?

Das aus dem All betrachtete Blau der Meere kann aber nicht der Rot-Absorptionseffekt sein, denn das blaue Licht im Wasser wird nicht nach oben zurückreflektiert, und einen blauen Boden und blaue Wände haben die Ozeane auch nicht. Genau mit diesem Problem wurde ich bei einer Weihnachtsfeier von einem

Wissenschafts-Kollegen konfrontiert und konnte ihm keine Antwort geben. Zum Glück gibt es andere Kollegen, die sich mit den Lichtverhältnissen auf unserer Erde beschäftigen. Sie hatten ein Programm namens libRadtran geschrieben, mit dem man die Licht- und Thermalstrahlung in der Erd-Atmosphäre berechnen kann. Damit haben sie dann genau herausbekommen, warum das Meerwasser aus dem All blau erscheint.

Der Grund ist, Meerwasser ist blau, weil es das blaue Licht des Himmels reflektiert, das Himmelsblau! Dann bleibt aber die Frage: Warum ist der Himmel blau? Die Antwort darauf kennt heute fast jeder: Weil das Sonnenlicht an den Luftmolekülen gestreut wird – die sogenannte Rayleigh-Streuung. Das heißt, eine Lichtwelle trifft auf ein Luftmolekül (Stickstoff- oder Sauerstoffmolekül) und wird quer zur einfallenden Richtung weggestreut. Es sind nun besonders die blauen Lichtwellen, die besonders stark gestreut werden. Wenn man also auf einen Punkt am blauen Himmel seitlich von der Sonne schaut, dann ist das blaue Licht, das ins Auge trifft, eine blaue Lichtwelle, die aus Richtung der Sonne kam und von einem Luftmolekül, das irgendwo in Blickrichtung liegt, in mein Auge gestreut wird.

Wenn man sich im Weltraum befindet, dann trifft dieses blaue Licht des Himmels auf einem Weg direkt in meine Augen, so wie auf der Erde auch. Auf dem anderen Weg wird es aber auch etwas hellblauer (siehe voriges Bild der Raumstation in diesem Kapitel). Auf der anderen Seite wird es aber auch von der Meeresoberfläche reflektiert und trifft ebenfalls in mein Auge. Dies ist ein Dunkelblau und kommt mehr senkrecht von »unten«. Der Rest sind Wolken, die wie auf der Erde das gesamte Licht, das auf sie fällt, in alle Richtungen wegstreuen und daher weiß strahlen.

Darum sind Sonnenuntergänge rot

Wenn aus dem weißen Sonnenstrahl seitlich blaues Licht und
ein bisschen Grün herausgestreut wird, was das Himmelsblau
erzeugt, dann bleibt im Hauptstrahl der Sonne der Rest, hauptsächlich Rot, übrig. Das wiederum ist der Grund, warum man
bei Sonnenuntergang eine rote Sonne samt rotem Abendhimmel
sieht. Das rote Licht des Sonnenuntergangs, das nicht in das
Auge eines Beobachters oder auf den Erdboden trifft, streift sozusagen nur die Atmosphäre und tritt wieder aus ihr heraus.

Einmal bei Mondfinsternis auf dem Mond stehen!

Jemand, der sich sehr weit hinter der Erde genau im Zentrum des
Kernschattens befände, sähe daher einen blutroten atmosphäri-
schen Ring um die Erde. Genau das sollten Astronauten sehen,
wenn sie bei Mondfinsternis vom Mond auf die Erde schauen.
Das ist ein einmaliges Spektakel in unserem Sonnensystem und
für mich ein wichtiger Grund, einmal zum Mond zu fliegen. Da
wir das heute noch nicht können – und keiner der bisherigen
zwölf Mondastronauten war zum Zeitpunkt einer Mondfinsternis auf dem Mond –, müssen wir uns mit etwas weniger
zufriedengeben: Das blutrote Licht wird bei Mondfinsternis von
der Mondoberfläche zurück zur Erde reflektiert und daher sieht
der Mond bei Mondfinsternis von hier unten so schön rot aus.

Caelum mea regula –
Der Himmel ist mein Maß.

Lateinischer Sinnspruch

DAS GEHEIMNIS
DES GRÜNEN BLITZES

Es gibt ein wunderschönes, aber extrem seltenes
Naturphänomen. Und bisher haben es nur sehr wenige
Menschen gesehen: der grüne Blitz. Was steckt
hinter dem Geheimnis dieses Naturschauspiels?

Als ich jung war, erzählte mir mein Vater von etwas sehr Wunder-
barem: dem grünen Blitz der Sonne kurz vor ihrem Untergang.
Als wir dann an der Nordsee einmal Urlaub machten und beim
Gang zum Abendessen manchmal Sonnenuntergänge sahen,
versuchte ich immer, diesen wunderlichen grünen Blitz zu sehen.
Leider habe ich ihn nie gesehen, wie die meisten Westeuropäer.
Heute weiß ich warum.

Zunächst, es gibt ihn tatsächlich. Um zu verstehen, worum
es eigentlich geht, muss man den grünen Blitz einmal gesehen
haben. Es gibt ein perfektes Video eines grünen Blitzes, das jeder
gesehen haben sollte. Es wurde aufgenommen in San Diego, Kalifornien, zu finden auf Youtube unter diesem Link:
https://www.youtube.com/watch?v=lwus2nqU0SY.

Auf der nächsten Seite ist das entscheidende Bild aus diesem
Video.

Ein perfekter grüner Blitz (hier helle flache Linse über dem schwarzen Horizont) abfotografiert aus dem Video https://www.youtube.com/watch?v=lwus2nqU0SY

Krummes Licht in der Atmosphäre

Um das Phänomen des grünen Blitzes (international bekannter unter dem Namen *green flash*) zu verstehen, muss man sich die Physik dazu anschauen. Licht hat die Eigenschaft, beim Übergang zwischen zwei optischen Medien zum dichteren Medium hin gebrochen zu werden. So wird ein Lichtstrahl, wenn er aus der Luft ins Wasser eintritt, gebrochen. Auch die Atmosphäre hat unterschiedliche Dichten. Sie nimmt nach oben exponentiell, also sehr schnell, und kontinuierlich ab, daher werden flach einfallende Lichtstrahlen auch kontinuierlich gebrochen. Der Lichtstrahl wird also gekrümmt und zwar zur dichteren Seite hin. (Der Lichtstrahl wird jedoch nicht gebeugt, wie manche glauben. Lichtbeugung ist physikalisch ein ganz anderes optisches Phänomen, das nur an Spalten und Kanten auftritt.)

Tagsüber steht die Sonne fast senkrecht, ihre Strahlen werden daher nicht oder kaum gekrümmt. Bei einem Sonnenuntergang durchlaufen die Sonnenstrahlen die Atmosphäre aber nahezu horizontal, wobei in Flugrichtung die dichteren Luftschichten unten sind, wohin sie dann auch gekrümmt werden. Die Sonnenstrahlen werden also immer zur Erde hin gekrümmt, aber nicht alle gleich stark. Weißes Sonnenlicht besteht bekanntlich aus allen Spektralfarben. Von denen wird rotes Licht am wenigsten, gelbes Licht stärker und grünes Licht am stärksten gekrümmt. Dieses farbabhängige Krümmungsverhalten ist in der folgenden Abbildung dargestellt.

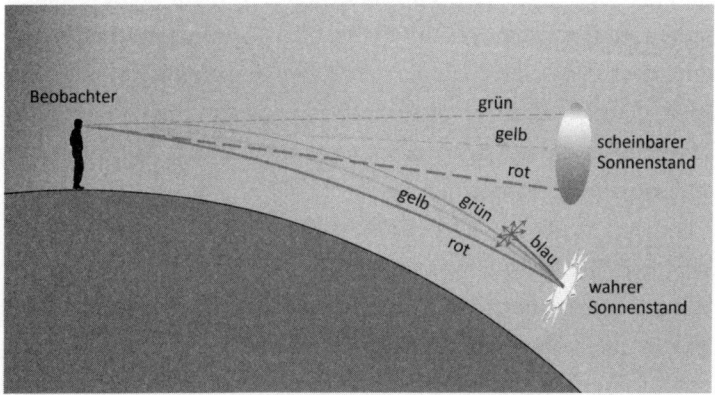

In der Atmosphäre werden Lichtstrahlen (volle Linien) umso stärker gekrümmt, je kurzwelliger (grüner) sie sind. Langwellige rote Strahlen werden am wenigsten gekrümmt. Daher scheinen von allen Strahlen, die von einem Punkt der Sonne kommen, die grünlicheren von weiter oben zu kommen. Blaue Strahlen werden aus dem Strahlengang seitlich herausgestreut und erzeugen so das diffuse Himmelsblau. (Quelle: Ulrich Walter)

Wo bleibt das blaue Licht?

Das blaue Licht würde zwar am stärksten gekrümmt, es gibt es aber beim Sonnenuntergang nicht, weil es bei seinem Weg durch die Atmosphäre durch die sogenannte Rayleigh-Streuung seitlich herausgestreut wird. Genau dieses blaue, gestreute Licht erzeugt während des Tages das Himmelsblau, wie wir im vorigen Kapitel gesehen haben.

Ähnlich ist es mit dem grünen Licht. In einer stark dunstigen oder staubhaltigen (Feinstaub-)Atmosphäre, wie etwa in Europa, wird es durch die sogenannte Mie-Streuung ebenfalls

herausgestreut. Sonnenuntergänge in unreiner Atmosphäre sind
daher immer rot bis orange. Nur in Gegenden, wo die Luft sehr
rein ist und die Sonne am weit entfernten Horizont eines Mee-
res untergeht, wie etwa in San Diego am Pazifischen Ozean, kann
man grüne Blitze sehen. Dazu braucht man allerdings noch ein
wenig Glück. Es dürfen am entfernten Horizont keine Wolken
stehen, und auf dem gesamten Strahlenweg muss die Luft ruhig
sein, darf also keine Turbulenzen haben. (Achten Sie auf das nur
leicht gekräuselte Meerwasser im Video!)[9] Nur unter diesen Umständen hat die untergehende Sonne noch etwas Grün in ihren
ankommenden Strahlen.

Wie man grüne Blitze wahrnimmt

Warum erscheinen die grünen Strahlen am oberen Teil der
Sonne, die gelben und orangenen in der Mitte und die roten
unten? Werden die Strahlen wie in der Abbildung gezeichnet
auf der Netzhaut des Auges abgebildet, dann entspricht die Abbildung einer in Regenbogenfarben gefärbten Sonne, die in ge-
rader Richtung vor einem steht. Die stärkere Krümmung des
grünen Lichtes ist also der Grund, warum es »oben« erscheint.
Mit dem roten Licht ist es genau umgekehrt. Außerdem ist es so,
dass alle Strahlen um etwa ein halbes Bogengrad (entspricht dem
Durchmesser der Sonne) weiter nach unten gebogen sind. Tatsächlich ist in dem Augenblick, wo der untere Rand der Sonne
den Horizont berührt, die Sonne bereits untergegangen, aber wir
sehen sie immer noch!

Der echte grüne Blitz ist das allerletzte, schwache grüne Auf-
leuchten der Sonne, bevor sie ganz weg ist. Davor gibt es manchmal zwei bis drei grüne Vorblitze in abgetrennten, linsenförmigen
Bereichen über der Sonnenscheibe. Sie entstehen immer dann,

---

9 https://www.youtube.com/watch?v=lwus2nqU0SY

wenn die Atmosphäre in ihrer Temperatur geschichtet ist. Während des Tages wird die Erdoberfläche durch die Sonnenstrahlen erwärmt, die darüber liegenden Luftschichten in der sogenannten Troposphäre bis etwa 10 km Höhe sind normalerweise kälter. In der darüber liegenden Stratosphäre ist die Luft durch die Ozonabsorption wieder wärmer. Darüber in der Mesosphäre bis 100 km nimmt die Temperatur wieder ab. Aber auch sonst kann es innerhalb der Troposphäre anormale Temperaturschichtungen, sogenannte Inversionen geben. Da Schichten unterschiedlicher Temperatur auch unterschiedliche Dichten haben (kalte sind dichter, warme weniger dicht), erzeugt jede tief liegende Schicht unterschiedlicher Temperatur eine unterschiedliche Krümmung der Strahlen und somit ein eigenes flaches Abbild der Sonne, das sich beim Sonnenuntergang von der eigentlichen Sonnenscheibe abzulösen scheint. Tatsächlich sind es dadurch mehrere Scheinsonnenuntergänge (engl. mock mirages) von denen jeder einen eigenen kleinen, grünen Blitz erzeugen kann. In dem unten stehenden Foto ist die oberste kleine Linse ein Blitz, im Original grün, hier weiß.

Sonnenuntergang. Die Abspaltung linsenartiger Sonnenscheiben durch Luftinversionsschichten, wobei die oberste einen grünen Blitz erzeugt. Aufgenommen in San Francisco, Kalifornien. (Quelle: Brocken Inaglory, Ceative Commons CC-BY-SA)

»Unsere Sehnsucht nach Verstehen ist ewig.«

Albert Einstein (1879–1955)
Deutscher Physiker

TROTZEN HUMMELN DER PHYSIK?

Es heißt, Physiker hätten bewiesen, dass Hummeln
theoretisch gar nicht fliegen könnten.
Wie schaffen sie es dennoch?

Ich dachte, ich traue meinen Augen nicht. Im Wissensteil der
Süddeutschen Zeitung las ich vor Kurzem unter dem Titel *Viel
Wirbel um die Hummel*: »Wäre die Hummel ein klassisches Flug-
zeug, sie würde unter diesen Bedingungen ruckzuck abstürzen.
Doch weil die Hummel ein Flugkünstler ist, tun ihr turbulente
Winde nichts an.«

Moderne Legenden
Da ist sie wieder, die moderne Legende, Hummeln dürften nach
den Gesetzen der Physik gar nicht fliegen können. Oder noch
schöner: Physiker haben bewiesen, dass Hummeln nicht fliegen
können. Das ist ein alter Mythos. Ein anderer ist »Wir waren nie
auf dem Mond« oder »Das Volk mit den meisten Wörtern für Eis
und Schnee sind die Eskimos« oder »Die Teflonpfanne kommt
aus der Raumfahrt«.

Die Fährte des Hummel-Mythos lässt sich bis ins Jahr 1934
zurückverfolgen. Damals zitierte der Insektenforscher An-
toine Magnan (1881–1938) in seinem Buch *Le Vol des Insectes*
(»Insektenflug«) seinen Assistenten André Sainte-Laguë (1882–
1950), einen Ingenieur, demnach Flügel so groß wie die einer
Hummel bei Hummelfluggeschwindigkeit einen zu geringen

Auftrieb erzeugen, um eine Hummel zu tragen. Daher kann sie eigentlich gar nicht fliegen!

Das ist natürlich eine wunderschöne Lachnummer, wie gemacht für Technik-Skeptiker, denn da sieht man angeblich mal wieder: Die Natur ist cleverer als alle Naturwissenschaftler zusammen (meinen rein statistisch gesehen doppelt so viele Frauen wie Männer in Deutschland), und das macht die Hummel zu einem Flugkünstler, der allen Physikern ein Schnippchen schlägt (meint offensichtlich die SZ).

Fliegen ist nicht skalierbar

Wie ist das denn nun wirklich mit der Hummel oder mit Fluginsekten allgemein? Der Denkfehler, dem viele Menschen, auch Physiker und Ingenieure, unterliegen, ist, dass Phänomene in unserer Welt beliebig skalierbar sind. Das bedeutet, Phänomene, so, wie wir es auf unserer Größenskala (etwa 1 m) kennen, müssen im Großen (Universum) und Kleinen (Mikrokosmos) genauso sein. Aber dem ist nicht immer so. So ist ein Goldklumpen bekanntlich goldgelb glänzend, während Gold-Nanopartikel tiefrot sind.

Mit dem Fliegen verhält es sich ähnlich. Jeder, der einmal einen Papierflieger gebaut hat, weiß, dass die anders fliegen als Segelflugzeuge, und man beide deshalb ganz unterschiedlich bauen muss. Und daher muss eine noch kleinere Hummel ganz anders gebaut sein und anders fliegen als ein Papierflieger oder ein Segelflugzeug. Die tiefe physikalische Ursache dafür ist die sogenannte Reynoldszahl, aber keine Sorge, den Hummelflug kann man auch ohne Reynoldszahl verstehen.

Dynamik schlägt Statik!

Der Ingenieur André Sainte-Laguë hatte zwar prinzipiell recht, eine segelfliegende Hummel kann nicht genug Auftrieb erzeugen, um zu fliegen oder zu schweben. Aber sie segelt eben nicht, sondern Insekten schlagen mit ihren Flügeln zwischen 20- und 600-mal pro Sekunde. Das ist offensichtlich etwas ganz anderes. So wird aus einem sogenannten stationären Flugzustand eines Seglers oder Papierfliegers (immer gleiche Strömungsverhältnisse um einen Flügel, siehe die beiden Kapitel *Warum Flugzeuge fliegen*, Seite 213 ff.) ein dynamischer Flugzustand (die Strömungsverhältnisse um die Flügel ändern sich ständig).

Und genau das ist der Knackpunkt. Mit Dynamik lassen sich ganz andere Sachen machen als mit Statik. Ein schönes Beispiel ist Fahrradfahren. Solange ein Fahrrad auf der Stelle steht und man nichts macht, fällt es unweigerlich um. Denn die Standfläche ist lediglich eine Linie, nämlich die zwischen den beiden Punkten, wo die Räder den Boden berühren. Selbst wenn man anfangs das Fahrrad absolut aufrecht hinstellt und damit den Schwerpunkt exakt auf die Linie ausbalanciert, reicht der kleinste Lufthauch, jede kleinste Störung, und der Schwerpunkt liegt etwas daneben, und das Fahrrad kippt um. Das ist Statik. Wenn man sich aber daraufsetzt und damit fährt und dabei die richtigen Lenkbewegungen macht, dann fällt man nicht mehr um. Dynamik schlägt Statik! Nur mit Dynamik funktioniert vieles in unserer Welt, was sonst eigentlich gar nicht funktionieren könnte.

Ein anderes schönes Beispiel ist das Gehen auf zwei Beinen. Die Körperhaltung eines Menschen in jedem Moment des Gehens ist statisch instabil. Schauen Sie sich ein Foto eines gehenden Menschen an. Egal in welchem Moment das Foto aufgenommen wurde, die Gehhaltung ist instabil, man müsste in der Haltung seitlich oder nach vorn umkippen. Aber wir haben in der Kindheit gelernt, viele solcher statisch instabilen Zustände kontinuierlich und geschickt aneinanderzureihen, um dynamisch stabil zu gehen.

Wie nutzen nun Hummeln die Dynamik, um zu fliegen, obwohl das statisch bei ihrer Größe gar nicht funktionieren dürfte?

Was genau machen die Hummeln?

Bekanntlich bewegen sie ihre Flügel extrem schnell, statt sie starr stehen zu lassen oder sie wie ein Vogel zu schwingen (Quasistatik). Prinzipiell gäbe es da mindestens zwei Möglichkeiten. Entweder Flügel schnell rotieren lassen (so machen es Hubschrauber). Dazu braucht man Drehlager. So etwas gibt es in der Natur aber nicht, jedenfalls nicht bei Insekten. Oder man schwingt beim Schwebeflug die Flügel synchron hin und her. Fluginsekten machen das wie bereits angesprochen 20-bis 600-mal pro Sekunde!

Aber nicht einfach so. Sie machen einen Flügelabschlag, der tiefer geführt wird als der Flügelaufschlag (siehe nachfolgende Abbildung). Jeweils am Ende eines Schlages drehen Insekten ihre beiden Flügel so um, dass die Flügelvorderkante immer in Bewegungsrichtung zeigt. Das kann man schön in diesem Video[10] sehen.

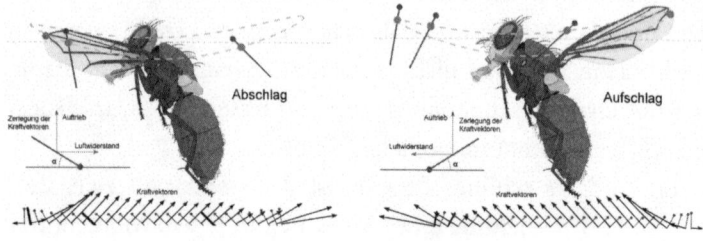

Im Schwebeflug schlagen Insekten, wie diese Fliege, ihre Flügel abwechselnd in einem Abschlag (tiefer) und Aufschlag (höher) schnell hin und her. Die wechselnden Flügelanstellwinkel sind durch die Orientierung der Stecknadeln dargestellt, wobei der Kopf der Stecknadel die jeweilige Flügelvorderkante ist. Durch den Anstellwinkel, aber auch durch Wirbelbildungen (hier nicht gezeigt) entstehen die momentanen Kraftvektoren (untere Darstellungen), die in Luftwiderstands- und Auftriebskraft zerlegt werden können. (Quelle: Ulrich Walter und Creative Commons Attribution-Share Alike 3.0 Unported)

---

10 https://www.youtube.com/watch?v=hGhjFGKdTEM

Mehr Auftrieb durch Wirbel!

Wie schafft es nun ein Insekt, mit schnellen Flügelschlägen mehr Auftrieb zu erzeugen als mit starren Flügeln? Dazu ein kurzer Rückblick auf das universale Grundprinzip des Fliegens (siehe auch die beiden Kapitel *Warum Flugzeuge fliegen*, Seite 213 ff.): Um fliegen zu können, muss vom Flieger ein Luftstrom nach unten erzeugt (beschleunigt) werden, wodurch aufgrund des zweiten Newtonschen Gesetzes eine Gegenkraft entsteht, die den Flieger nach oben drückt (sogenannter Auftrieb).

Doch bei einer Hummel wäre der Luftstrom durch reines Segeln nicht ausreichend. Weil sie trotzdem fliegt, müssen ihre schnellen Flügelschläge einen größeren Luftstrom nach unten erzeugen als reiner Segelflug mit diesen Flügeln bei gleicher Relativbewegung in der Luft. (Übrigens: Auch Vögel, etwa Falken, machen im Schwebeflug solche Flügelschläge; die sind aber wegen der unterschiedlichen Größenskalen nicht ganz so effizient wie die von Insekten.) Um das zu verstehen, muss man sich die Luftumströmung um die Flügel anschauen. Bei der Größenskala von Insektenflügeln und bei Flügelanstellwinkeln von etwa 45 Grad führt die Flügelbewegung zu einem Strömungsabriss an der Flügelvorderkante, was wiederum zu einem Luftwirbel auf der Oberseite des Flügels direkt hinter der Vorderkante (sogenannter leading edge vortex) führt und bei großem Anstellwinkel auch oberhalb der Hinterkante. Solche unsichtbaren Wirbel sehen aus wie die bei Tornados oder die Abflusswirbel in einer Badewanne. Diese Wirbel erzeugen für den kurzen Augenblick eines Schlages einen zusätzlichen Unterdruck und somit Auftrieb.

Wirbel lassen Flugzeuge abstürzen und Hummeln fliegen

Bei normalen Flugzeugen verzögern sich solche Strömungsabrisse (sogenannter delayed stall). Aber irgendwann reißt auch der Wirbel ab und verschwindet im Nachstrom des Flügels.

Durch diesen vollkommenen Strömungsabriss und somit Total-verlust des Auftriebs stürzt das Flugzeug schließlich ab. Nicht so bei Insektenflügeln. In der kurzen Zeit eines Schlages bleibt der Wirbel noch haften. Ein Insekt erzeugt nun durch schnelles Hin- und Herschlagen dauernd solche Auftriebswirbel, die zudem von Schlag zu Schlag ineinander übergehen. Sowohl die dauernde Er-zeugung der Wirbel als auch die Verschmelzung der Wirbel (so-genanntes wake capture, was in diesem Video[11] ansatzweise zu sehen ist) sind zwei weitere wesentliche Beiträge zum Auftrieb.

Es geht auch etwas anders

Der einfache Auf- und Abschlag sind die einfachsten Flügel-schlagbewegungen von Insekten. Die Flügel können aber auch sehr unterschiedlich geschlagen werden, um zusätzlich Wirbel-auftrieb zu erzeugen. Die folgende Abbildung zeigt unterschied-lichste Schlagbewegungen verschiedener Fluginsekten.

Libellen schlagen zudem nicht horizontal, sondern schräg, etwa in 45 Grad zur Horizontalen. Dabei erzeugt ein Abschlag den vollen Auftrieb, während ein entsprechender Aufschlag einen Abtrieb erzeugen müsste. Weil sie aber beim Aufschlag den Flügel in Schlagrichtung dreht, entstehen weder Abtrieb noch Luftwiderstand. So ähnlich machen wir es beim Schwim-men. Beim Schwimmstoß stellen wir die Handfläche parallel zur Strömungsrichtung, beim Schwimmzug stellen wir sie 90 Grad an, sodass wir möglichst viel Wasser nach hinten schieben.

Hummeln meistern auch Turbulenzen

Nun noch einmal zurück zum Artikel der Süddeutschen Zei-tung, der ja Auslöser meiner Betrachtungen über den Hummel-flug war. Dort stand: »Wäre die Hummel ein klassisches Flug-

---

11 https://www.youtube.com/watch?v=01hOD68DxrM

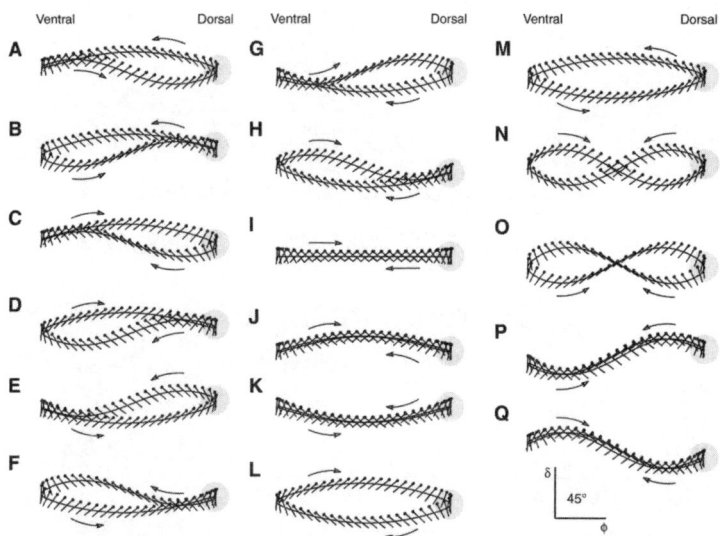

Bewegungslinie der Flügelspitze von Fluginsekten mit unterschiedlichsten Formen. (Quelle: Fritz-Olaf Lehmann und Simon Pick, The Journal of Experimental Biology 210, S. 1362–1377, 2007)

zeug, sie würde unter diesen Bedingungen ruckzuck abstürzen. Doch weil die Hummel ein Flugkünstler ist, tun ihr turbulente Winde nichts an.« Sein Aufhänger wiederum war eine neue Veröffentlichung über Hummelflug im Starjournal *Physical Review Letters,* die für Wirbel in den Medien sorgte. Dabei ist nichts Neues herausgekommen, bis auf die Erkenntnis, dass der Auftrieb durch Vorderkantenwirbel und wake capture so stabil ist, dass Hummeln und somit Insekten selbst in stark turbulenter Luft gut fliegen. Nun ja, das überrascht uns jetzt nicht, denn Turbulenzen sind chaotische Wirbel und von denen wissen wir jetzt, dass sie Auftrieb nicht unbedingt zerstören, sondern ihn sogar unterstützen können. Und das hat nichts mit der Flugkunst einer Hummel zu tun, sondern das ist reine Physik, liebe SZ.

»*Wissenschaft ist, was wir wissen,*
und Philosophie ist, was wir nicht wissen.«

Bertrand Russell (1872–1970)
Britischer Philosoph

WAS IST EPIGENETIK?

Menschliche und tierische Eigenschaften
können nicht nur durch Gene vererbt werden,
sondern auch durch sogenannte Epigenetik. Wie das?

So haben wir es in der Schule gelernt: Alle biologischen Eigenschaften, aber auch große Teile unserer charakterlichen und sozialen Eigenschaften, werden durch die Gene vererbt. Selbst unser instinktives Handeln wird durch Gene gesteuert. Wir sind Sklaven unserer Gene, so der berühmte Evolutionsbiologe Richard Dawkins (*1941) in seinem Buch »Das egoistische Gen«, in dem er die Macht der Gene beschwört.

Darwinismus

Das ist zwar richtig, aber noch nicht alles. Die Natur ist noch raffinierter, als wir bisher geglaubt haben. Das muss sie auch, weil Organismen, die ausschließlich darwinistischen Prinzipien unterlägen (um genau zu sein, der heute verbreiteten Variante des Darwinismus, der modernen synthetischen Evolutionstheorie (Neodarwinismus)), zu unflexibel auf Umweltveränderungen reagieren könnten. Warum? Gemäß Charles Darwin (1809–1882) und seinem Zeitgenossen Alfred Russel Wallace (1823–1913) verändern sich Organismen durch eine gerichtete natürliche Selektion, die sie langsam und langfristig an neue Umweltbedingungen anpasst. Die synthetische Evolutionstheorie und die Erkenntnisse der Genbiologie konkretisierten diesen Anpassungsmechanis-

mus: Die entscheidende »Triebkraft« sind die genetische Mutation und sexuelle Rekombination und die darauf folgende natürliche Selektion der besten dieser genetischen Variationen (survival
of the fittest). Zufällige Mutation, Rekombination und genetische
Selektion dauern aber viele, viele Generationen. Zu langsam, um
sich schnell anpassen zu können.

Lamarckismus

Die Idee, dass Lebewesen die während ihres Lebens erworbene
Verhaltensänderungen direkt an ihre Nachkommen weitergeben
können und somit eine wesentlich schnelle Anpassung ermöglichen, ist sogar älter als der Darwinismus. Der französische Bio-
loge Jean-Baptiste de Lamarck (1744–1829) entwickelte kurz vor
Darwin in seinem Lamarckismus genau diese Idee. Nur weil er
diese nicht anhand von Untersuchungen nachweisen konnte, fiel
seine Idee in wissenschaftliche Ungnade.

Dieser Lamarckismus kommt heute aber zur Hintertür des
Darwinismus wieder in die Wissenschaftswelt hinein. Grund
dafür sind die in den vergangenen Jahrzehnten gesammelten
Erfahrungen, dass zum Beispiel psychischer Stress direkte Auswirkungen, etwa in Form von Depressionen, auf die Nachkommen haben kann. Gemäß der synthetischen Evolutionstheorie ist dies nicht möglich. Heute wissen wir, dass das doch
geht, und verstehen auch warum. Der Mechanismus ist die
Epigenetik.

Wie funktioniert Epigenetik?

Das griechische Präfix επί- bedeutet im übertragenen Sinn »darüber«, »jenseits von«. Epigenetik ist demnach eine stabil ver-
erbbare Regulation von Genaktivitäten und -expressionen (bzw.
die Wissenschaft davon), die nicht auf der DNA-Gensequenz beruht, sondern darüber hinaus geht. Wie kann Epigenetik funk-

tionieren, wo doch angeblich alle Informationen in den Genen, den Grundbausteinen der Erbinformation, stecken?

Nun, die Existenz von Informationen in Form von Genen ist eine Sache, einen ganz andere, sie dem Organismus auch zugänglich zu machen. Dazu muss man wissen, dass die Gene wie auf einer Perlenschnur zum sogenannten DNA-Strang aufgereiht und zu Chromosomen verpackt sind (siehe nachfolgendes Bild). Um das möglichst kompakt zu machen, sind sie jedoch um Spulen, sogenannte Histone, aufgewickelt, diese dann korkenzieherförmig zum sogenannten Chromatin aufgewunden, und diese dann nochmals und mehrmals gefaltet. So verpackt passen die etwa 23.000 menschlichen Gene mit ihren etwa 1 Milliarden Basenpaaren, die zusammen einen etwa 1 Meter langen DNA-Strang ergeben, in die nur weni-

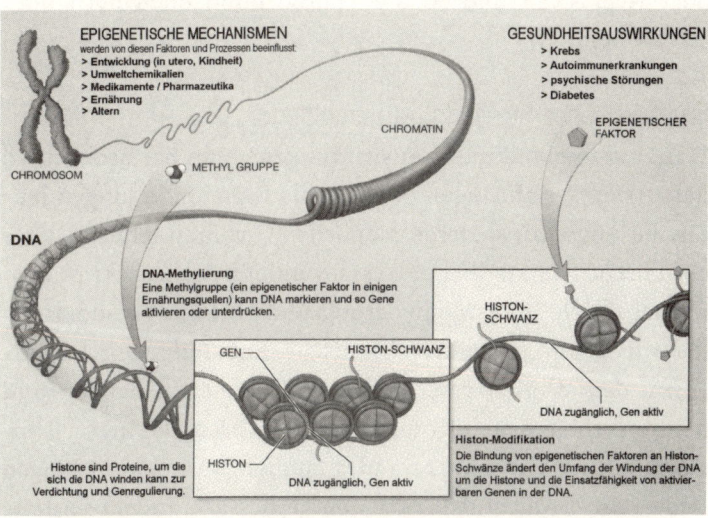

Die Struktur und Faltung der DNA zu Chromatin und Chromosomen und epigenetische Einflussfaktoren auf die DNA. Die Abfolge der immer verwickelteren Struktur verläuft von unten rechts nach hinten links. (Quelle: National Institutes of Health, public domain)

ger als 1 Tausendstel Millimeter großen 23 menschlichen Chromosomen-Paare.

Damit umgekehrt molekulare Lesebausteine an ein Gen herankommen und seine Erb-Information mit einer sogenannten RNA-Polymerase abtasten und auslesen (sogenannte Transkription) können, muss der DNA-Strang nacheinander und lokal entfaltet, entwunden und entwickelt werden. Genau bei dieser Öffnung der DNA, der sogenannten DNA-Expression, kommt die Epigenetik zum Zuge. Wie wir heute wissen, führen starke Umwelteinflüsse zu einer DNA-Methylierung (das Anhängen einer Methylgruppe an ein Gen) und/oder zu Veränderungen der Histone. Jede zusätzliche Methylierung bedeutet eine geringere Gen-Expression, und jede Histone-Veränderung kann DNA-Abschnitte freilegen oder wegpacken und so die Transkription erleichtern oder erschweren.

Frühkindlicher Stress ist entscheidend

Was sind die konkreten Auswirkungen? Man hat beobachtet, dass Armutserfahrungen oder soziale Isolation in jungen Jahren die Angst vor späteren möglichen Gefahren schürt. Dieser chronische frühkindliche Stress beeinflusst die Transkriptionsmuster durch DNA-Methylierung und Histone-Veränderung, die wiederum vermehrt chronische Entzündungen hervorrufen, den Weg zu verschiedenen Krankheiten bahnen und neuropsychiatrische Krankheiten auslösen können. Umgekehrt kann ein stimulierendes familiäres Umfeld in jungen Jahren die Gedächtnisfunktionen verbessern, indem Histone in der Gedächtniszentrale des Gehirns, dem Hippocampus, abgewandelt werden. All diese veränderten Transkriptionsmuster können sogar bis in die 3. Generation weitervererbt werden.

Ähnliche Effekte hat man bei Tieren beobachtet. Wenn Mäuse lernen, einen bestimmten Geruch zu fürchten, dann haben auch ihre Kinder und Enkel davor Angst. Man konnte die Ursache auf eine Methylierung entsprechender Gene zurückführen.

Im Gegensatz zu genetischen sind epigenetische Veränderungen durch andersartige Lebenserfahrungen grundsätzlich reversibel. Das alles zeigt, wie wichtig das soziale Umfeld der Menschen in jungen Jahren für deren Wohlergehen und ihre Nachkommen ist. Wir wissen heute, dass dafür die ersten beiden Lebensjahre entscheidend sind.

Frühzeitige Alterung durch psychosoziale Belastungen

Wir wissen inzwischen auch, dass psychosoziale Belastungen über die Epigenetik das Altern beeinflussen. Die entscheidende Rolle spielen dabei sogenannte Telomere. Sie befinden sich an den Chromosomenenden und sorgen für deren Stabilität. Psychosoziale Belastungen verkürzen die Telomere, was die Chromosomen destabilisiert und so zu altersbedingten Störungen, darunter Krebs, Immunschwäche und Herz-Kreislauf-Krankheiten, und somit zu einem vorzeitigen Altern führt. Konkret zeigen Forschungsarbeiten, dass die Telomerlänge mit häuslicher Gewalt, der eigenen Bildung und der der Eltern, Kindheitstraumata, Vollzeitarbeit von Frauen, Leistungsbeurteilungen und Gewalterfahrungen in der Kindheit zusammenhängen. Neueren Befunden zufolge scheint sogar Stress während der Schwangerschaft die Telomere zu beeinflussen. Diese Telomer-Veränderungen sind ebenfalls über wenige Generationen vererbbar.

Zusammenfassend lässt sich sagen: Chronischer, also lang anhaltender, psychischer Stress ist Gift für uns und unsere Kinder. Um jedoch pauschale mütterliche Ängste vor Stress ihrer Kinder gleich zu zerstreuen: Kurzzeitig belastender und mittelfristig positiv erfahrener Stress, auch in jungen Jahren, hat jedoch positive Wirkungen auf unser Verhalten. Auch das haben Untersuchungen gezeigt. Sie können ihren Youngstern also durchaus ab und zu einmal sagen, wo der Hammer hängt.

VERRÜCKTE PHYSIK IM GROSSEN

»*Der beste Beweis dafür, dass es im Weltraum intelligentes Leben gibt, ist, dass noch keiner von denen mit uns Kontakt aufgenommen hat.*«

Calvin zu Hobbes
Comicfiguren

AUSSERIRDISCHES LEBEN IM SONNENSYSTEM?

Die Antwort auf die Frage, ob es außerirdisches Leben im Universum gibt, könnte vor unserer Haustür liegen!

Warum betreiben wir eigentlich Raumfahrt?

Dafür gibt es vier wesentliche Gründe, zwei sehr nützliche (utilitäre) und zwei transutilitäre (dem Nutzen übergeordnete), und keiner davon ist »Um Wissenschaft im Weltraum zu betreiben«, also das, was wir heutzutage auf der Raumstation tun.

Die zwei utilitären Gründe sind:

Um tödliche Gefahren aus dem All von Teilen der Menschheit oder von der gesamten Menschheit abzuwenden, also etwa Asteroiden abzuwehren, die ganze Städte oder gar die Menschheit auslöschen könnten.

Um das Überleben der Menschheit außerhalb der Erde auf anderen Planeten zu sichern, indem sie dorthin auswandert. Dazu machte der Physik-Guru Stephen Hawking mit sehr düsteren Prognosen[12] von sich reden.

Die erste Aufgabe ist sehr real. Ein Asteroideneinschlag mit verheerender Wirkung könnte bereits morgen passieren, obwohl die Wahrscheinlichkeit dafür sehr gering ist. Es handelt sich daher eher um eine wichtige Aufgabe für die kommenden

---

12 https://www.welt.de/kmpkt/article159590391/Menschheit-hat-noch-1000-Jahre-bis-sie-ausstirbt.html

100 bis 1000 Jahre. Das Ende der Menschheit durch eine aus-
gebrannte Sonne ist zwar noch unausweichlicher, aber dieses
Endzeit-Problem wird erst in vielen Millionen Jahren akut.

Die beiden transutilitären Gründe sind:

Die Menschheit aus ihrer Nabelschau herausführen, ihr also
klar zu machen, welchen Stellenwert wir im Weltraum wirklich
haben (nämlich keinen bedeutenden) und wir deswegen von
unserer kulturell geprägten Selbstüberschätzung Abschied nehmen sollten und die Erde nicht als gottgewolltes Zentrum, sondern als kleines, wankendes Boot im riesigen Ozean des Universums verstehen müssen. Das versteht man jedoch nur, wenn
man selbst diesen ganz anderen Blick auf die Erde erlebt hat.
Daher ist der Weltraumtourismus ein wichtiger Meilenstein in
der Selbsterkenntnis der Menschheit.

Und schließlich ist da noch die Frage »Sind wir allein im
Universum?«, die der alte Scholastiker Albertus Magnus (1200–
1280) einmal als »eine der edelsten und erhabensten Fragen
beim Studium der Natur« bezeichnete – und das mit Recht.

Um auf die Frage »Sind wir allein?« eine konkrete Antwort
geben zu können, müssen wir zu anderen Himmelskörpern fliegen und nachschauen. Dabei gilt die Logik: Wenn wir nichts finden, heißt es noch nicht, dass wir allein sind, denn es könnte
einfach sein, dass wir auf den falschen Himmelskörpern gesucht
haben. Wenn wir dabei jedoch anderes Leben finden sollten und
sei es nur sehr primitives, dann ist die Wahrscheinlichkeit groß,
dass wir nicht allein sind.

Warum in die Ferne schweifen … ?

Leider können wir auf absehbare Zeit, wenn überhaupt, nicht be-
mannt zu anderen Sternensystemen fliegen. Unbemannte Flüge
sind zwar möglich, sogar mit heutigen Technologien, aber die
Reisen, selbst zu den uns nächstgelegenen Sternen, dauern min-

destens mehrere tausend Jahre. Doch möglicherweise brauchten wir solche aufwendigen Reisen gar nicht durchzuführen, wenn wir bereits Hinweise auf anderes Leben in unserem Sonnensystem fänden.

Könnte das sein? Ja, das könnte es, und wir wissen bereits genau, wo wir suchen müssten. Es müssen Himmelskörper sein, die prinzipiell biologisches Leben beherbergen können, also über 0 °C warm und weniger als 100 °C heiß sind. Daher scheiden Merkur und Venus mit über 400 °C aus. Die großen Gasplaneten Jupiter, Saturn, Uranus und Neptun sind nicht nur zu kalt, sondern haben nicht einmal eine feste Oberfläche. Sie bestehen nur aus Gas!

Leben auf dem Mars?

Bleibt als heißer Kandidat neben der Erde nur der Mars. Wir wissen heute, dass er vor 3,5 Milliarden Jahren Ozeane mit tropischen Temperaturen hatte. Wenn dort damals andersartiges Leben entstanden wäre, dann könnten wir es wahrscheinlich heute noch in den Tiefen des Marsbodens finden. Diese Vorstellung treibt seit einigen Jahrzehnten die Wissenschaftler immer wieder zum Mars. Deswegen ist die Exomars 2022 Mission der ESA so wichtig, die Bohrungen in den Marsboden unternehmen und die Bodenproben auf außerirdische biologische Zellen untersuchen soll. Und deswegen war die Crash-Landung von Schiaparelli am 19. Oktober 2016 für die ESA so bitter, weil dies der Testlauf war, um zu zeigen, dass man das Exomars-Untersuchungslabor sicher auf die Marsoberfläche bringen kann.

Leben auf Monden?

Es gibt aber noch zwei andere Kandidaten für mögliches außerirdisches Leben in unserem Sonnensystem: die beiden Monde Europa (Jupiter) und Enceladus (Saturn). Wir wissen seit einigen

Jahren, dass sie riesige Ozeane aus flüssigem Wasser haben müssen, die wir aber nicht direkt sehen können, sondern nur die Eiskruste auf der Oberfläche.

Eigentlich sollten die beiden Monde für flüssiges Wasser viel zu kalt sein. Weil sie aber sehr groß sind, heizt sie die Zerfallswärme des radioaktiven Zerfalls von Uran, Thorium und Kalium im Inneren auf. Darüber hinaus werden beide durch die starke Gravitationskraft ihrer beiden Planeten (Gezeitenkräfte) durchgemergelt, was sie ebenfalls stark erwärmt. Daher haben sie beide im Inneren hohe Temperaturen, die sie durch Wärmekonvektion über die Meere, teilweise durch hohe Wasserfontänen (siehe nachfolgendes Bild), nach außen abgeben. Auf deren Meeresböden sollte es daher wie auf der Erde hydrothermale Quellen, auch Schwarze Raucher genannt, geben, von denen wir wissen, dass sie Orte für erste Formen des Lebens sein können, weil wir genau dies auf der Erde gefunden haben.

So sähe eine Mission aus

Ein Nachweis von Einzellern auf einem der Monde würde also folgendermaßen aussehen: Man würde eine Sonde zu Enceladus schicken. Entweder würde man sie dort landen und eine durch Zerfallsenergie gewärmte Kugel langsam durch die Eiskruste schmelzen lassen. Die würde dann irgendwann in den Ozean gelangen, wo man die Einzeller durch eine Probenentnahme nachweisen könnte. Einfacher, aber auch etwas unsicherer, wäre es, die Sonde einfach nur über die Wasserfontänen fliegen zu lassen und die Wassertröpfchen zu analysieren, in der Hoffnung, dass einige Bakterien oder zumindest Biomoleküle als Basis außerirdischen Lebens mit den Fontänen in die Höhe mitgerissen werden.

Genau das plant die NASA mit ihrer Enceladus Life Finder Mission, die bisher aber noch nicht finanziert ist. Diese Mission ist, wie ich finde, eine der besten Missionen, die die NASA je ins Auge gefasst hat.

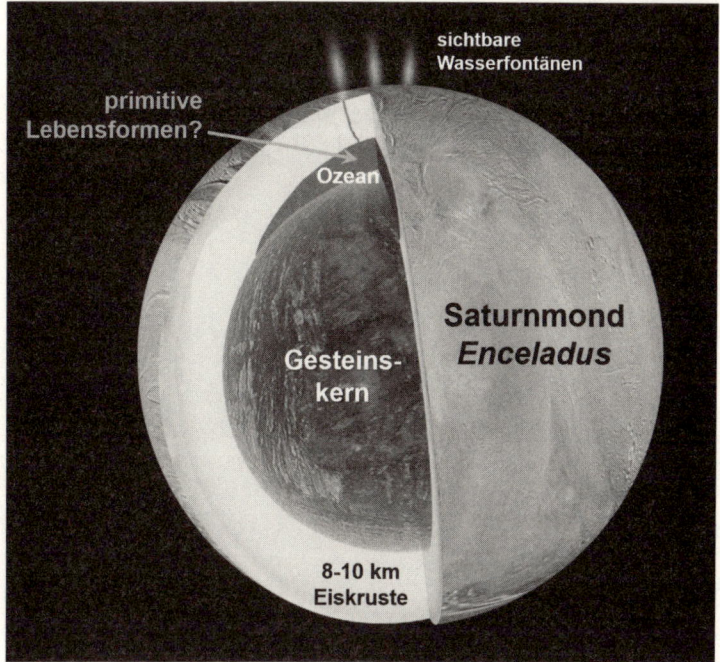

So stellt man sich das Innere des Saturnmondes Enceladus vor. Der heiße Gesteinskern gibt seine Wärme über die Ozeane an die eisverkrustete Oberfläche ab. Weil die Gezeitenkräfte Risse in der Eiskruste verursachen, entstehen Wasserfontänen, die man in Bildern der Sonde Cassini beobachtet hat. (Quelle: NASA/ Ulrich Walter)

»*Es gibt keinen Ersatz für wahres Verständnis.*«

Kai Lai Chung (1917–2009)
US-amerikanischer Wahrscheinlichkeitstheoretiker

WAS PASSIERT BEI SUPERMOND UND MONDTÄUSCHUNG WIRKLICH?

Etwa alle 14 Monate kommt es zu einem sogenannten Supermond. Der nächste wird am 14. Juni 2022 stattfinden. Was ist daran wirklich super und was dabei eine Täuschung?

Eigentlich ist das Phänomen Supermond mit ein wenig Himmelsmechanik, also der Wissenschaft von der Bewegung der Himmelskörper, ganz einfach zu verstehen. Der Knackpunkt daran ist: Obwohl wir von »kreisenden« Planeten und Monden reden, sind die Bahnen von Himmelskörpern keine Kreise.

Ein bisschen Himmelsmechanik

Der alte Kepler (1571–1630) war der erste, der herausfand, dass Himmelsbahnen generell Ellipsen sind , jedoch mehr oder weniger kreisähnlich – tatsächlich ist der Kreis ein Grenzfall der Ellipse. So ist die Erdbahn um die Sonne fast ein perfekter Kreis, die Bahn des Mondes um die Erde bereits etwas elliptisch und die des Mars um die Sonne noch ausgebeulter.

Ebenso ist es mit dem Mond. Er braucht 27,3 Tage für einen Umlauf um die Erde. Das ist die sogenannte siderische (echte) Umlaufzeit, also ein Umlauf gemessen gegen den Fixsternhimmel. Die Zeitspanne zwischen zwei von der Erde aus betrachteten Vollmonden, der sogenannte synodische Monat, beträgt 29,5 Tage. Er ist deswegen länger, weil sich in 27,3 Tagen die Erde um 26,9 Grad um die Sonne weitergedreht hat und des-

wegen aus Sicht der Erde der Fixsternhimmel in einer entsprechend anderen Richtung erscheint. Bei seinem Umlauf um
die Erde steht der Mond minimal 356.500 km und etwa 15 Tage
später maximal 407.000 km vom Mittelpunkt der Erde ent-
fernt.Wenn er uns am nächsten steht, erscheint uns seine Fläche
also $(407/357)^2 = 1{,}3$-mal so groß, also 30 Prozent größer, als
wenn er am weitesten entfernt steht. Dieser Unterschied wird besonders deutlich, wenn gleichzeitig Vollmond ist, also Sonne,
Erde und Mond auf einer Linie stehen (siehe nachfolgende Abbildung). So eine Konstellation »erdnächster Punkt erreicht, plus
Vollmond« nennt man seit wenigen Jahren Supervollmond oder
einfach nur Supermond, denn das hört sich cooler an.

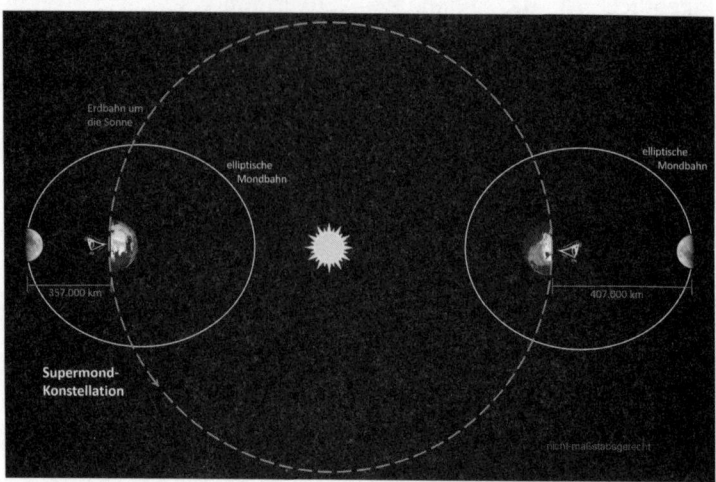

Die Bahn des Mondes um die Erde ist leicht elliptisch. Wenn Sonne, Erde und
Mond in einer Linie stehen und der Mond gleichzeitig am erdnächsten Punkt auf
seiner Ellipse, dann hat man Supermond (linke Seite des Bildes). Die umgekehrte
Situation gibt es natürlich auch (rechte Seite des Bildes), ist aber nicht so spek-
takulär. Den Vollmond sieht man natürlich nur dann, wenn man sich auch auf der
Nachtseite befindet und keine Wolken im Weg sind. (Quelle: Ulrich Walter)

Wann tritt ein Supermond ein?

Da der Mond praktisch nie im absoluten Minimalabstand steht, ist die Frage, ab welchem Abstand man von einem Supermond spricht. Konkret: Am 14. November 2016, 14:52 Uhr MEZ, stand der Vollmond genau 356.523 km vom Erdmittelpunkt entfernt, am 13. Juli 2022 um 18:37 Uhr MEZ werden es 357.418 km sein und erst am 25. November 2034, 23.32 Uhr MEZ, wird er wirklich am allernächsten Punkt stehen, nämlich nur 356.448 km entfernt. Weil diese Unterschiede minimal sind, spricht man immer dann von einem Supermond, wenn der Mond innerhalb 10 Prozent des erdnächsten Abstandes steht.

Wie oft treten solche Supermond-Konstellationen auf? Alle 13 Monate und 18 Tage. Aber den Unterschied zwischen Normalvollmond und Supermond sehen nur Kenner, also Menschen, die den Mond regelmäßig betrachten, und das sind bei uns in Europa nur die wenigsten. Wenn man also einen Supermond betrachtet, ist das für viele eine Enttäuschung: »Ein Vollmond halt!?«

Mondtäuschung

Dafür ist die sogenannte Mondtäuschung super. Sie tritt ein, wenn ein normaler Vollmond abends im Osten am Horizont aufgeht und morgens im Westen wieder untergeht und dabei riesengroß erscheint.

Die Täuschung besteht darin: Der Mond ist dabei gar nicht riesengroß, sondern genauso groß wie sonst auch, er scheint nur viel größer zu sein. Warum?

Der alte Grieche Ptolemäus hatte bereits die erste richtige Vermutung. Er meinte, es läge wohl daran, weil uns das Himmelsgewölbe abgeflacht erscheint, also der Himmel über uns näher als am Horizont. Die Größentäuschung durch scheinbar unterschiedliche Distanzen wurde dann weiter von den Arabern und durch das Mittelalter bis in die Neuzeit diskutiert, mit unterschiedlichen

Mondtäuschung. Dieser Vollmond kurz vor Monduntergang erscheint uns ungewöhnlich groß. Wie die untergehende Sonne ist er dann rötlich. (Quelle: Road-
crusher, GNU Free Documentation License)

Meinungen. Bis es im Jahr 2000 ein schönes Experiment gab, das
ein Vater mit seinem Sohn (Lloyd und James Kaufmann) durch-
führte und veröffentlichte. Darin bewiesen sie, dass bereits der alte
Ptolemäus richtig lag. Das Bild auf der rechten Seite veranschau-
licht die Täuschung.

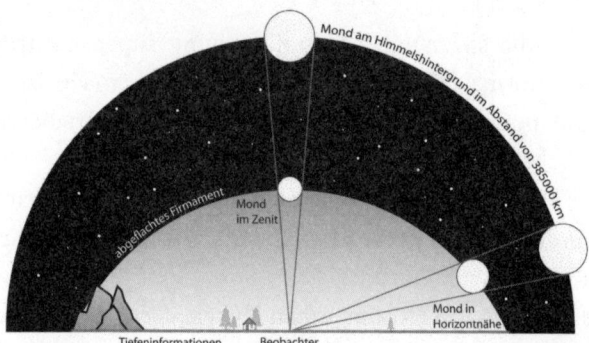

Mondtäuschung. Der Mond (offene Kreise) läuft in etwa immer gleichem Abstand um
die Erde und erscheint uns dabei unter immer demselben Bildwinkel (auseinander-
laufende Linien zu den Kreisen). Weil uns aber das Himmelsgewölbe, in dem der Mond
scheinbar läuft (volle Kreise), uns als abgeflachte Kuppel vorkommt, scheint der Mond
über uns kleiner zu sein als am Horizont. (Quelle: ArtMechanic)

Wir werden also getäuscht, weil zwei Gegenstände mit gleichem Bildwinkel uns umso größer erscheinen, je weiter sie <u>scheinbar</u> von uns entfernt sind – und umgekehrt. Mit anderen Worten: Die wahrgenommene Größe eines Gegenstandes wird von uns anhand der scheinbaren Entfernung bestimmt. Dieses Wahrnehmungsgesetz nennt man in der Psychologie das Emmertsche Gesetz, das zur sogenannten Ponzo-Illusion führt.

Ponzo-Illusion. Die Mondtäuschung durch scheinbar unterschiedliche Distanzen führt zur bekannten Ponzo-Illusion. Beide Katzen sind tatsächlich exakt gleich groß. Messen Sie es nach! (Quelle: Ulrich Walter)

*»Ich habe keine besondere Begabung,
sondern bin nur leidenschaftlich neugierig.«*

Albert Einstein (1879–1955)
Deutscher Physiker

U. Walter Kommentar:
Das meinte Einstein nicht ironisch,
sondern aus tiefer Überzeugung.

EINSTEINS SPUKHAFTE FERNWIRKUNG

Es gibt Dinge in unserer Welt, die dem gesunden
Menschenverstand absolut widersprechen.
Einstein (1879–1955) wollte sie deswegen nicht wahrhaben.
Aber es gibt sie, und sie machen sogar Sinn.

Die Welt ist zu komplex, als dass wir sie jemals vollständig verstehen werden. Das wissen wir dank des Gödelschen Unvollständigkeitssatzes bereits heute (siehe dazu das Kapitel über die Collatz-Vermutung, Seite 263 ff.). Wir können die Welt zwar vermessen und daraus Theorien ableiten, wie sie funktioniert. Diese Theorien – unsere Bilder der Welt – bleiben aber immer unvollständig, und es ist manchmal falsch, sie auf andere Bereiche im Analogieschluss anzuwenden.

Hier funktioniert Analogie

Nach so viel abstraktem Vorgerede zwei Beispiele. Die Sonne zieht die Erde gravitativ an und zwingt sie so auf eine Kreisbahn um die Sonne. Indem wir diese Erfahrung auf Atome erweitern, versuchen wir zu verstehen, warum Elektronen wie Planeten um einen Atomkern kreisen. Die Wissenschaft hat gezeigt, diese Erweiterung unserer Erfahrung von unserer makroskopischen auf die mikroskopische Welt ist im Groben zulässig. Nur so können wir als Menschen die Funktionsweise von Atomen verstehen.

Ursache – Medium – Wirkung = Lokalität

So eine Erweiterung funktioniert jedoch nicht immer. Dazu das folgende Beispiel: Ein Jäger schießt mit seinem Gewehr auf einen Hasen, trifft und tötet ihn. Wir verstehen den Tod des Hasen als Ergebnis einer Gewehrkugel, die vom Gewehr zum Hasen fliegt und dort ihre Wirkung tut. Dieses Ursache-Wirkungsprinzip heißt in der Physik Lokalitätsprinzip, weil eine lokale Ursache über ein Medium eine lokale Wirkung hervorruft. Dieses Medium kann ein Teilchen sein, aber auch eine Welle. Wenn ein Physiker einen Übertragungsmechanismus nicht versteht (und das ist meistens so), dann vermutet er ein noch unbekanntes Teilchen oder eine Welle (wegen des Teilchen-Welle-Dualismus gibt es im Mikrokosmos sowieso keinen Unterschied zwischen beiden) als Anregung eines Feldes, das man jedoch nicht sehen kann. So ist, wie im Kapitel *Das »göttliche« Higgs-Teilchen* in diesem Buch beschrieben (siehe Seite 47 ff.), etwa das Higgs-Teilchen als Anregung des Higgsfeldes der Überträger von Masse auf jedes andere Teilchen in unserer Welt. Für diese ziemlich abgedrehte Idee bekamen François Englert (*1932) und Peter Higgs (*1929) im Jahr 2013 den Nobelpreis.

Nicht-Lokalität = Unsinn?

Dieses Lokalitätsprinzip, das wir in unserem Makrokosmos als absolut notwendig empfinden, muss im Mikrokosmos aber nicht unbedingt gelten. Zwei Ereignisse, die voneinander abhängen, können über beliebige Entfernungen ohne Übertragungsmechanismus und instantan, also ohne Zeitverzug, passieren. Dass dies so sein könnte, hat die Quantenphysik bereits seit Anfang des letzten Jahrhunderts postuliert. Dagegen hatte Einstein gewettert, denn es könne keine solche spukhafte Fernwirkung (sogenannte Nicht-Lokalität) geben, das widerspräche dem gesunden Menschenverstand. Außerdem widerspräche es der Grundannahme (nämlich Lokalität) seiner Allgemeinen Relativitätstheorie, die eine Gravitations-Feldtheorie ist.

Durch trickreiche Experimente konnte man aber in den letzten Jahrzehnten die spukhafte Fernwirkung von Ereignissen in unserer Welt beweisen. Das Paradebeispiel sind zwei verschränkte Lichtteilchen (Photonen). Was bedeutet das? Bei dieser sogenannten Quantenverschränkung besitzt das eine Lichtteilchen eine Drehung (Spin) gegenüber einer vom Experimentator vorgegebenen Richtung und das andere genau die umgekehrte. Ihre Summe ist also Null. Solch verschränkte Lichtteilchen entstehen gleichzeitig in besonderen (sogenannten nichtlinearen optischen) Kristallen, aus einem einzelnen Photon, das zuvor mit doppelter Energie in den Kristall eingetreten ist.

Mit diesen beiden Lichtteilchen passiert Eigenartiges. Wenn man den Spin des einen Lichtteilchens misst, dann kennt man natürlich zur gleichen Zeit den Spin des anderen, weil beide Null ergeben müssen. Aber, und das ist der Knackpunkt, die Messung kann man zu einem beliebigen Zeitpunkt machen, etwa 5 Stunden nach ihrer Entstehung. Dann wäre das eine Teilchen schon beim Kleinplaneten Pluto und das andere Teilchen könnte ich die ganze Zeit in einem Lichtleiter im Kreis laufen lassen. Weil das Teilchen noch nicht weiß, welche Richtung ich vorgebe, wird das Spin-Ergebnis also rein zufällig sein, einmal so, einmal so. Wenn das Zufallsergebnis aber vorliegt, dann hat das andere Photon bei Pluto keine Wahl mehr, es muss den entgegengesetzten Zustand einstellen und zwar instantan. Irgendwie muss es also trotz der riesigen Entfernung mit dem gemessenen Teilchen praktisch verzugslos kommunizieren. Wissenschaftler an der Universität Genf konnten in einem Experiment zeigen, dass, wenn sie denn kommunizieren, dies mit wenigstens 10.000-facher Lichtgeschwindigkeit passieren muss, wahrscheinlich sogar verzugslos. Das widerspräche jedoch der Speziellen Relativitätstheorie Einsteins.

Wo liegt das Problem?

Eigentlich haben wir damit zwei Probleme. Das eine ist: Wenn die beiden Teilchen mit Überlichtgeschwindigkeit kommunizieren, dann könnte man diesen Effekt nutzen, um Informationen mit weit Überlichtgeschwindigkeit zu übertragen, was die Kausalität in unserem Universum und somit das Fundament der Relativitätstheorie zerstören würde, wie ich im vorigen Kapitel *Kann es ein Perpetuum mobile geben?* gezeigt habe. Das andere ist: Wie können zwei Photonen miteinander instantan in Beziehung stehen, wenn in der klassischen Physik für schnelle Kommunikation nur Photonen mit Lichtgeschwindigkeit zur Verfügung stehen. Anders ausgedrückt, die Natur des Vakuums, das die Ausbreitungsgeschwindigkeit von Photonen bestimmt, lässt eigentlich keine Überlichtgeschwindigkeit zu! Das erste Problem ist schnell geklärt. Da das Spin-Ergebnis des gemessenen Photons zufällig ist, ist das des zweiten am Pluto entsprechend auch zufällig, nur andersherum. Mit zufälligen Zuständen kann man aber keine vorgegebenen Informations-Bits übertragen, sondern nur Rauschen.

Die andere Frage ist kniffliger. Eine Kopplung bei Lichtgeschwindigkeit lässt sich nur verstehen, wenn man berücksichtigt, dass jeder bewegte Körper seine eigene Zeit, die sogenannte Eigenzeit (also eine von uns unabhängige eigene Zeit) hat, die von der unseren abweicht. Sie nimmt mit zunehmender Relativgeschwindigkeit ab und erreicht bei Lichtgeschwindigkeit den Wert Null. Das bedeutet, ein Photon ist zeitlos; es kann jeden Ort im Universum in Null Sekunden Eigenzeit erreichen! Wenn daher ein verschränktes Photon im Kristall entsteht, zerfällt es aus eigener Sicht zum selben Zeitpunkt, also instantan, irgendwo im Universum. In seiner eigenen Zeit (die jedoch »null« lange dauert) hat es »stets« Kontakt mit dem verschränkten Zwillings-Photon. Kein Wunder, dass es dann immer »weiß«, was das andere gerade »tut«. Instantane Kopplung ist daher kein Phänomen quantenmechanischer Wellenausbreitung im Vakuum, sondern eine Frage extremer Zeitdilatation im Rahmen relativistischer Physik.

Auch das, was wir nicht verstehen, kann sinnvoll sein!

Zeitdilatation ist aber ein Phänomen, das weit außerhalb unseres Alltagsverständnisses liegt, genauso wie Teilchen-Welle-Dualismus. Daher werden wir quantenphysikalische Verschränkung nie wirklich verstehen. Aber wir können sie mathematisch fassen, und da funktioniert sie dann prächtig und macht sogar Sinn.

Unsere Welt übersteigt eben manchmal die Vorstellungskraft des Menschen: gekrümmter dreidimensionaler Raum oder eben Zeitdilatation. Dann hilft nur noch Mathematik, die ist unbeirrbar. Das ist der Grund, warum wir Wissenschaftler sie so lieben und dem gesunden Menschenverstand oft misstrauen.

>>Wissen ist Macht.<<

Francis Bacon (1561–1626)
Englischer Philosoph

DIE DUNKLE MATERIE
BLEIBT DUNKEL

Dunkle Materie ist für die Menschheit von überragender Be-
deutung. Sogar unsere Körper werden von ihr durchflutet.
Wissenschaftler scheitern nun aber an der Frage: Was ist
Dunkle Materie wirklich?

Eine der großen Fragen der Kosmologie – der Wissenschaft vom
Ursprung, der Entwicklung und der Struktur des Universums –
lautet: Aus welchen Substanzen besteht unser Universum? Die
Antwort kennen wir inzwischen sehr genau. Im Jahr 2016 er-
schien die neueste Analyse[13] der Daten des europäischen Planck-
Teleskops – das Beste, was es zur Untersuchung der kosmischen
Hintergrundstrahlung zurzeit gibt. Das Ergebnis lautet: 4,86 Prozent bestehen aus der Materie, wie wir alle sie kennen, 26,0 Prozent sind sogenannte Dunkle Materie und 69,1 Prozent sind die
sogenannte Dunkle Energie. Doch die letzten beiden Angaben
sind Augenwischerei, denn kein Mensch weiß wirklich, was
Dunkle Materie, viel weniger noch, was Dunkle Energie, ist. Es
gibt lediglich Vermutungen darüber. Dass mehr als 95 Prozent
der Substanzen im Universum uns unbekannt sind, trotz aller
Anstrengungen der letzten Jahre, ist zum Haare ausraufen.

---

13 https://arxiv.org/abs/150201589

Warum Dunkle Materie so wichtig ist

Aber woher wissen wir eigentlich, dass es so etwas wie eine Dunkle Materie und Dunkle Energie gibt? Weil beide die groß-räumige Struktur und Dynamik unseres Universums ent-scheidend bestimmen, und die können wir inzwischen sehr gut messen. Ohne Dunkle Materie gäbe es wohl kaum eine Galaxie, einschließlich unserer Milchstraße im Universum, und somit auch kein Sonnensystem und keine Erde.

Die Bedeutung von Dunkler Materie ist also überragend. Wenn Dunkle Materie aus kleinsten Elementarteilchen besteht, wie viele Wissenschaftler glauben, dann würde unser Körper pro Sekunde von etwa 100 Millionen solcher Dunklen-Materie-Teilchen mit der enormen Geschwindigkeit von 220 km/s durchflutet – und wir merken nichts davon. Genau das bedeutet »dunkel«, dass nämlich die Elementarteilchen der Dunklen Materie absolute Einzelgänger sind und so gut wie gar nicht interagieren, weder mit normaler Materie noch mit sich selbst. Daher nennt man sie auch weakly interacting massive particles, WIMPs. Sie unterliegen nur der gravitativen Wechselwirkung (Schwerkraft) und (wahr-scheinlich) der sogenannten schwachen Wechselwirkung, was bedeutet, dass sie ein Gewicht haben und nur extrem schwach mit Atomkernen wechselwirken können. Da alle Atomkerne unseres Körpers zusammengenommen aber nur eine Querschnittsfläche von $1/100$ mm^2, also die Fläche eines Sandkorns, ausmachen (der Rest unserer Körperfläche ist Leere) und die Wechselwirkung mit ihnen, wie das Wort schon sagt, extrem schwach ist, sausen die WIMPs ungehindert durch unseren Körper hindurch. Konkret: Für ein WIMP-Teilchen beträgt die effektive Trefferfläche unseres Körpers nur Atomkernfläche x Wechselwirkungswahrscheinlich-keit = $1/100$ mm^2 x 10^{-12} = $0{,}00000000000001$ mm^2, also eine Flä-che mit dem Millionstel Durchmesser eines Sandkorns, was der Fläche eines Atoms entspricht.

Das LUX-Experiment

Da WIMPs 84 Prozent der Materie im Universum ausmachen, ist ihr Gewicht entscheidend dafür, wie unter deren Gravitation die normale Materie, aus der wir bestehen, sich zu Galaxien klumpt. An die schwache Wechselwirkung mit Kernen normaler Materie knüpften die Wissenschaftler die Hoffnung, solche WIMPs nachweisen zu können. Kollidiert nämlich in seltenen Fällen ein WIMP mit einem normalen Atomkern, dann entsteht ein kleiner Lichtblitz, den man durch Photodetektoren nachweisen kann. Das Problem ist, auch Höhenstrahlung und der radioaktive Zerfall von Materie können Lichtblitze erzeugen. Deshalb hat man im Jahr 2012 im sogenannten LUX-Experiment einen Tank aus extrem schwach radioaktiven Materialien gebaut, der 370 kg flüssiges Xenon (ein Edelgas, das bei -108 °C flüssig wird) fasst und in dem sich am oberen Ende die Lichtblitz-Detektoren befinden. Dieser LUX-Tank steht 1500 Meter tief unter den Black Hills in South Dakota/USA in einem zylindrischen Raum mit 7,6 m Durchmesser, 6,1 m hoch gefüllt mit Wasser, um die Radioaktivität in der Nähe des Detektortanks nochmals zu reduzieren.

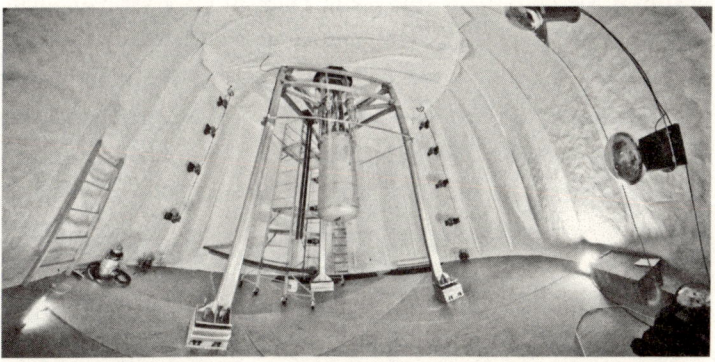

Der LUX-Detektor (Zylinder in der Mitte des Bildes) in der Mitte des unterirdischen Raumes in 1,5 km Tiefe, der beim Versuch mit Wasser geflutet wird, um radioaktive Strahlung zu reduzieren. (Quelle: Gigaparsec, Creative Commons)

Zwischen September 2014 und Mai 2016 haben Forscher nun an insgesamt 332 Tagen versucht, Lichtblitze zu detektieren. Man erwartete insgesamt etwa 100 Lichtblitze, fand aber nur drei. Selbst diese drei zählten zur erwarteten Untergrundstrahlung, hatten also erwartungsgemäß andere Ursachen. Mit anderen Worten, man hat nichts gefunden. Genau das veröffentlichte die Forschergruppe im Jahr 2016 auf der International Dark Matter Conference in Sheffield, England. Die Dunkle Materie bleibt also eine dunkle Angelegenheit.

In Zukunft soll alles besser werden

Was soll man davon halten? Offiziell heißt es: »Das Ergebnis ist unzweideutig, worauf wir stolz sind. Die Suche nach Dunkler Materie bleibt interessant!« Schön, dass das Ergebnis angeblich so unzweideutig ist, aber wenn die Theoretiker richtig gerechnet haben, wäre das auch ein unzweideutiger Beweis, dass Dunkle Materie keine WIMPS sind. Die augenblickliche Hoffnung ist, sie haben sich verrechnet, denn geplant ist ein noch größerer Detektor gleicher Bauart namens LUX-ZEPLIN (Messbeginn angeblich 2022) mit 7.000 kg, also etwa 20-mal mehr Xenon. Aber 20 x 0 signifikante Messergebnisse sind auch 0. Mit anderen Worten, ein 20-mal so großer Detektor sollte am Ergebnis kaum etwas ändern. Okay, diese Aussage ist nicht ganz fair, denn wenn sich die Theoretiker stark verrechnet hätten und es bei dem Experiment nur 0,2 echte Counts (also 500-mal weniger als theoretisch erwartet) gegeben hat, hätte man es bei LUX nicht gesehen, aber im neuen LUX-ZEPLIN gäbe es dann 20 x 0,5 = 10 Counts. Diese wenigen dann aber von einem entsprechend höheren Untergrund auszumachen, dürfte schwierig werden.

Vielleicht hilft da das LHC von CERN in der Schweiz. Die Forscherteams an den ATLAS- und CMS-Detektoren versuchen ebenfalls Dunkle-Materie-Teilchen aufzuspüren, bisher eben-

falls ohne Erfolg. Kein Wunder, die durch LUX gesetzte Hürde
ist eben sehr hoch.

Was sind WIMPs?

Die erwartete Messrate von etwa 100 Kollisionen pro Jahr basiert darauf, dass es sich bei WIMPs um sogenannte Neutralinos handelt. Neutralinos sind Teilchen der Supersymmetrie und
eine Mischung aus den Superpartnern des Photons (Boson der
elektromagnetischen Kraft) und des Z-Bosons (neutraler Träger
der schwachen Kernkraft) und eventuell anderer Teilchentypen.
Es wird vermutet, dass das Neutralino das leichteste (aber mit
etwa 100 bis einige 1000 Protonenmassen immer noch absolut
sehr schwere) supersymmetrische Teilchen ist. Das Neutralino,
wenn es das gibt, ist also stabil, neutral und schwer und ist somit
der ideale Kandidat für Dunkle Materie.

Sollte das WIMP kein Neutralino sein, dann bliebe als
WIMP-Kandidat eigentlich nur das Axion übrig. Das Axion ist
ein höchst hypothetisches Teilchen, dessen Existenz ein (kleines)
Problem der Physik lösen würde: Entgegen aller Erwartungen
scheint die Quantenchromodynamik (QCD) die CP-Symmetrie
nicht zu brechen (starkes CP-Problem), die QCD mit Axionen
würde sie brechen. Es gibt inzwischen einige Experimente dazu,
darunter das CAST-Experiment bei CERN, das solare Axionen
nachweisen soll. Das Problem mit Axionen ist nur, deren Masse
ist 1 Milliarde Mal leichter als ein Wasserstoffatom, und somit
sind sie richtige Leichtgewichte. Keine besonders gute Voraus-
setzung, um 84 Prozent aller Massen im Universum auszumachen. Wenn Axionen dennoch WIMPs wären, würden nicht
nur 100 Millionen solcher Teilchen pro Sekunde, sondern 100
Milliarden Mal mehr, also 10^{19} pro Sekunde, unseren Körper
durchfluten. Das wäre mir dann auch schon egal, Hauptsache
man findet endlich die Lösung.

»Was kann ich wissen?
Was soll ich tun?
Was darf ich hoffen?«

Immanuel Kant (1724–1804)
In: »Kritik der reinen Vernunft«
als die großen Fragen
des menschlichen Kenntnisdranges

VIELLEICHT DOCH EIN DURCHBRUCH BEI DER DUNKLEN MATERIE?

Wir wissen bis heute nicht, aus welcher Materie
unser Universum hauptsächlich besteht.
Daher der Ausdruck Dunkle Materie.
Doch jetzt gibt es einen starken Hinweis.

Es ist wie verhext. Seit über 100 Jahren suchen wir nach einer exotischen Art von Materie, von der wir seit 22 Jahren theoretisch wissen, dass sie 84 Prozent unseres Universums ausmachen muss, und von der wir sogar beobachten können, dass sie die Drehung von Galaxien wesentlich beeinflusst. Aber wir haben bis heute keinen blassen Schimmer davon, was diese Materie genau ist. Obwohl wir seit Jahrzehnten fieberhaft danach suchen, bleibt sie uns verborgen – daher ihr Name: Dunkle Materie.

Ein kleiner Tipp fürs Weiterlesen: Alle Fachbegriffe, die Sie im Nachfolgenden lesen werden, finden Sie genau so in wikipedia.de erklärt.

Was ist Dunkle Materie?

Das heißeste Anwärterteilchen auf die Dunkle Materie, das sogenannte Neutralino der Supersymmetrie-Theorie, hat seine Rolle inzwischen verspielt, weil man, wie wir im vorigen Kapitel gesehen haben, keine Spuren davon entdecken konnte.

Seitdem raufen sich die Wissenschaftler die Haare. Manche gehen sogar so weit zu glauben, es gäbe keine Dunkle Materie, sondern die Newtonsche Gravitationstheorie müsste abgeändert und so den Galaxien-Beobachtungen angepasst werden. Diese sogenannte MOND-Theorie geht den meisten Physikern dann doch zu weit. Die Einsteinsche Allgemeine Relativitätstheorie und die daraus ableitbare Newtonsche Gravitationstheorie hat sich in vielen Beobachtungen bis heute in so hoher Präzision bewährt, dass man sie als Grundfeste unseres Verständnisses des Universums betrachtet. Daran rütteln hieße, das gesamte Gebäude der theoretischen Kosmologie einzureißen.

Aber was ist dann Dunkle Materie? Es gibt inzwischen eine Vielzahl von mehr oder weniger abstrusen Möglichkeiten, mit denen sich aber kein Physiker so richtig anfreunden konnte, meist, weil man selbst die weniger abstrusen Teilchen nicht nachweisen konnte. Weil es bisher also keine echten Alternativen gab, versuchen die meisten Physiker, die Idee mit den Neutralinos doch noch irgendwie hinzubiegen, denn die Supersymmetrie hat einige sehr überzeugende Argumente.

Das Axion – der neue Top-Kandidat

Das alles hat sich seit Kurzem schlagartig geändert. Es gibt einen neuen Top-Kandidaten, das sogenannte Axion. »Oh Gott!«, wird so mancher sagen, »was ist das nun schon wieder?« Okay, es ist etwas kompliziert, aber weil das Axion nun wirklich top ist – und ich schließe mich dieser Meinung an – lohnt es sich, das etwas genauer anzuschauen.

Um zu verstehen, warum es bestimmte Typen von Teilchen gibt und wie sie funktionieren, möchte ich unser Universum mit einem Eimer Wasser vergleichen. Kurz nach dem Urknall war das Universum sehr, sehr heiß, konkret mehr als 10.000 Millionen Million Million Million Grad Celsius. Das entspricht meinem Eimer Wasser mit über 0 °C. Nur 10^{-35} Sekunden nach dem Urknall sank wegen der dramatischen Expansion des Universums diese Temperatur unter diese kritische Temperatur.

Unser Universum verhält sich wie ein Eimer Wasser ...

Wasser unter der kritischen Temperatur 0 °C gefriert. Solange es flüssig ist, ist es räumlich isotrop (gleichförmige innere Struktur), denn eine Flüssigkeit hat keine bevorzugte Raumrichtung. Aber Eis ist ein Kristall und besitzt daher ein Kristallgitter mit streng ausgerichteten Kristallachsen. Die Richtung der Achsen ist zwar zufällig, aber trotzdem, die räumliche Isotropie wird durch Abkühlung gebrochen – ein sogenannter räumlicher Symmetriebruch. Weil Wasser in Form von Eis ein steifes Kristallgitter hat, gibt es auch ein neues Phänomen, nämlich Scherwellen. Weil man Wellen auch als Teilchen interpretieren kann – nichts anderes ist die Lichtwelle, das Photon – nennt man solche Schwerwellen auch transversale Phononen (Akustikteilchen). Der entscheidende Punkt ist also, Symmetriebrüche können neue Teilchen erzeugen.

Dies ist genau die Vorstellung, mit der Physiker Wechselwirkungsfelder studieren. Oberhalb der 10.000 Millionen Million Million Million Grad Celsius vermuten die Physiker ein hoch isotropes Feld der sogenannten großen vereinheitlichten Theorie, im Englischen *Grand Unified Theory* (GUT) genannt. Dessen Symmetrie wurde unterhalb der genannten extrem hohen Grenztemperatur gebrochen, und es entstanden daraus einerseits Photonen und W- und Z-Teilchen als die neuen Teilchen, die die elektroschwache Wechselwirkung vermitteln, und andererseits Gluonen als Vermittler der starken Wechselwirkung. Die Gluonen wirken so stark auf Quarks ein, dass die nicht separat existieren können, sondern sich stets entweder zu Mesonen paaren oder zu dritt die uns bekannten Kernteilchen, Protonen und Neutronen, erzeugen. Die Theorie dahinter, die sogenannte

Quantenchromodynamik (QCD) hat sich inzwischen so gut bewährt, dass man sie als sicher annimmt. Auch wenn es sich abgedreht anhört, die Welt wie gerade beschrieben ist ziemlich sicher so.

... mit bisher einem kleinen Haken

Die QCD sagt aber voraus, dass Neutronen ein elektrisches Dipolmoment, also eine innere Struktur mit getrennten elektrischen Ladungen haben sollten. Das Neutron hat aber kein messbares elektrisches Dipolmoment. Das Phänomen hinter diesem bisher ungelösten Problem nennt man »starkes CP-Problem«. Die Physiker vermuten als Lösung einen Symmetriebruch der QCD, wodurch ein neues Teilchen entstehen würde, das sogenannte Axion, mit der Eigenschaft, das Dipolmoment des Neutrons zu unterdrücken.

Das hört sich wie ein Taschenspielertrick an: Wenn man nicht mehr weiterweiß, muss ein Symmetriebruch her. Tatsächlich wurde unser Universum kurz nach dem Urknall durch eine Kaskade von Symmetriebrüchen bestimmt. Symmetriebrüche scheinen also in unserem Universum gang und gäbe. Aber ein neues unbekanntes Teilchen, nur um ein anderes Problem zu lösen (elektr. Dipolmoment des Neutrons), das ist lediglich eine Verschiebung eines Problems. Nur wenn das Axion auch das Zeug hätte, die Dunkle Materie zu erklären, gewänne das Axion an Sinnhaftigkeit.

Das Axion ist zu leicht – dachte man

Auf der anderen Seite hätte ein massebehaftetes Axion aber genau die richtigen Eigenschaften für die Dunkle Materie: Seine Masse erzeugt Gravitation, es erklärt das starke CP-Problem durch seine elektroschwache Wechselwirkung und ... sonst nichts. Gerade diese dritte Nulleigenschaft ist wichtig, weil es ja sonst sofort auffallen würde. Die Sache hatte bisher zwei Haken. Die bisher geschätzte Masse des Axions war bedingt durch die Schwäche der schwachen Wechselwirkung mit 5 μeV zu klein, um die riesige Menge der Dunklen Massen erklären zu können. Außerdem hat man in Experimenten, wie etwa ADMX, nach solchen extrem leichten Axionen gesucht und nichts gefunden.

Jetzt passt eigentlich alles

Das hat sich nun mit einer Veröffentlichung einer deutsch-ungarischen Forschergruppe in der angesehenen Zeitschrift NATURE im November 2016 schlagartig geändert. Darin zeigte sie mit ihren genauen theoretischen Berechnungen, dass die Axionmasse bei etwa 500 μeV liegen sollte, also 100-mal größer als bisher angenommen. Damit solche Axionen die Dunkle Masse erklären können, müssen sich in jedem Kubikzentimeter unseres Universums mehr als einige Millionen Axionen befinden. Daher würden zu jedem Zeitpunkt etwa 1000 Milliarden Axionen unseren Körper durchfluten. Davon würden wir nichts bemerken, weil sie wegen ihrer extrem schwachen Wechselwirkung unseren Körper ohne irgendwelche Einwirkungen durchdringen.

Das klingt fantastisch, ist aber durchaus möglich. Tatsächlich gibt es eine Idee zu einem Experiment namens MADMAX, das Axionen mit genau solchen Massen nachweisen könnte. Das Rennen um die Erklärung der Dunklen Materie ist also wieder offen. Wenn Sie mich fragen, ich tippe inzwischen auf das Axion.

TECHNIK IM ALLTAG

»*Viele werden hinausfahren,*
und die Wissenschaft wird wachsen. –
Multi pertransibunt et augebitur scientia.«

Francis Bacon (1561–1626)
Englischer Philosoph
Bacon lebte in der Zeit der ersten Weltumsegelungen.

WAS EINE BRENNSTOFFZELLE KANN – UND WAS NICHT

Wie funktioniert eine Brennstoffzelle? Und ist sie die Lösung unserer zukünftigen Energieprobleme?

Brennstoffzelle. Ein schlecht gewähltes Wort, denn es suggeriert eine Art eierlegende Wollmilchsau. Man nehme irgendeinen Brennstoff, verbrenne ihn in einem kleinen Kasten und, voilà, Strom und Wärme im Überfluss. Wenn jemand mit solch einfachen Versprechen daherkommt ist immer höchste Vorsicht geboten. So auch hier.

Was tut eine Brennstoffzelle?

Eine Brennstoffzelle wandelt in einer, im Prinzip kalten, chemischen Reaktion Wasserstoff (muss zur Verfügung gestellt werden) und Sauerstoff (meist aus der Luft) in Wasser um und erzeugt dabei Strom. Also: $2H_2 + O_2 \rightarrow 2H_2O + \text{Strom}$. Wie bei jeder Energieumwandlung klappt das nicht perfekt, sondern geht mit Energieverlusten einher, die in Form von Wärme anfallen. Das Verhältnis von erzeugter Stromenergie zu Wärmeenergie nennt man elektrischer Wirkungsgrad (Effizienz). Eine übliche (Niedrigtemperatur-)Brennstoffzelle hat typischerweise eine Effizienz von 40 bis 60 Prozent. Man erhält also immer auch eine Menge Wärme, die man meist gar nicht will. Das ist der eine Haken. Der andere ist, dass diese sogenannte »kalte Verbrennung« nur mit Wasserstoff in elementarer Form funktioniert und nicht in Form einer organischen Verbindung, also etwa Methan CH_4.

Wo ist der Haken?

Den ersten Haken kann man teilweise umgehen, wenn man eine Brennstoffzelle dort einsetzt, wo man neben Strom auch Wärme braucht. Zum Beispiel in einem Wohnhaus. Das ist zunächst eine gute Idee. Aber da ist immer noch der andere Haken: Wir brauchen reinen Wasserstoff, und der ist nur sehr ineffizient speicherbar. Wasserstoff kann man entweder in Gasflaschen füllen. Komprimiertes Gas hat aber nicht nur eine kleine Energiedichte, sondern der Flaschendruck beträgt außerdem viele 400–700 bar. Solche Flaschen werden in Pkws eingesetzt und sind potenzielle Bomben, die es im wahrsten Sinne des Wortes in sich haben. Oder man kühlt Wasserstoff auf -250 °C ab, dann wird Wasserstoff bei Atmosphärendruck flüssig. Das ist zwar schön kompakt, aber man braucht dann Isolationsbehälter mit einer aufwendigen Superisolation, die den Wasserstoff kalt halten. Der Umgang mit flüssigem Wasserstoff ist zwar nicht gerade praktisch, aber machbar und wird bei großen Mengen, etwa bei Bussen, eingesetzt. Außerdem gibt es zwar noch Wasserstoff-Speichermedien, wie etwa Metallhydride oder sogenannte MOFs, aber allzu viel sollte man sich davon nicht erwarten, denn Wasserstoff hat die grundsätzliche Eigenschaft, dass es sich nicht auf kleinem Platz einzwängen lässt, egal wie. Wenn es also in Zukunft Brennstoffzellen zu Hause geben sollte, dann wird wahrscheinlich ein Lkw vorfahren, der wie bei einer Öllieferung über einen gut isolierten Schlauch flüssigen Wasserstoff in einen Superisolationsbehälter in Ihrem Keller liefern wird. Dazu braucht man aber eine ziemlich andere Infrastruktur zur Verteilung und Lagerung von Wasserstoff. Das kostet.

Methan statt Wasserstoff?

Außerdem will man mit so einem Lkw lieber nicht auf der Straße zusammenstoßen. Daher und wegen anderer Probleme mit flüssigem Wasserstoff (etwa die stetige Verdampfung des Wasserstoffs durch Erwärmung, sogenanntes Boil-off) propagieren viele Leute fossiles Methan (Erdgas) oder biogenes Methan (»BioErdgas«) als Energieträger.

Methan hat den weiteren Vorteil, dass es auf der Erde große Methanvorkommen gibt, und Methan damit sogar eine ziemlich große Energiequelle darstellt. Es ist aber auch erst bei -160 °C flüssig, weshalb man immer noch Superisolation bräuchte und Boil-off-Probleme hätte, jedoch versprechen neue MOFs hohe Packungsdichten bei unter 50 bar Druck. Wie auch immer Methan gespeichert und transportiert würde, grundsätzlich müsste in der Brennstoffzelle ein sogenannter Reformer vorgeschaltet werden, der dem Methan den Wasserstoff zur nachgeschalteten kalten Verbrennung entzieht. Reformer sind aber teuer und störungsanfällig.

Sogenannte Festoxid-Brennstoffzellen (Solid Oxide Fuel Cells, SOFC) und Schmelzkarbonat-Brennstoffzellen (Molten Carbonate Fuel Cells, MCFC) sind Hochtemperatur-Brennstoffzellen, die bei 600–1000 °C arbeiten. Sie haben den Vorteil, dass Methan ohne Reformer direkt als Brenngas eingesetzt werden kann. Da sie aber lange brauchen, um auf Betriebstemperatur zu kommen, können sie je nach Bedarf nicht einfach an- und ausgeschaltet werden. Sie müssen praktisch kontinuierlich laufen. Das ist ihr großer Nachteil. Trotzdem sind sie am aussichtsreichsten für lokale Blockheizkraftwerke, bei denen Strom und Wärme zum lokalen Verbrauch in Wohnhäusern erzeugt werden, und die seit 2015 eingesetzt werden.

Fazit

Ich glaube, dass es langfristig Brennstoffzellen als Mini-Block-heizkraftwerke mit Stromerzeugung in vielen Häusern geben wird. Das wird sich aber erst dann durchsetzen, wenn die Kosten für Gas und Öl so hoch sein werden, dass wir uns fragen müssen, ob wir uns das ineffiziente heiße Verbrennen dieser edlen Energiestoffe noch erlauben können. Außerdem hat die Brennstoffzelle noch Entwicklungspotenzial.

Man sollte aber bedenken, dass man Strom aus Methan auch über einen Carnot-Prozess (Verbrennungsmotoren) mit einer Effizienz von etwa 30 Prozent erzeugen kann. Das ist zwar weit weniger als bei Brennstoffzellen, aber Verbrennungsmotoren sind eine zuverlässige, robuste Technik – leider nicht ganz leise. Wie auch immer, solche dezentralisierten Mini-Blockheizkraftwerke werden ihren großen Durchbruch erst dann erfahren, wenn es gelingt, die Stromerzeugung in lokale Mini-Blockheizkraftwerke über Datennetze global aufeinander abzustimmen.

Brennstoffzellen in Autos?

Um es kurz zu machen, das macht bei der gegenwärtigen Technik nicht viel Sinn. Warum? Wegen der oben beschriebenen Nachteile von Hochtemperatur-Brennstoffzellen müssen die Zellen bei niedrigen Temperaturen gefahren werden, brauchen also Methan mit Reformer oder flüssigen Wasserstoff. So oder so, die in Brennstoffzellen eingesetzte *Membrane Electrode Assembly* (MEA), besteht aus viel Platin, das die Katalyse $2H_2 + O_2 \rightarrow 2H_2O$ durchführt, weswegen so eine Kfz-Brennstoffzelle gegenwärtig etwa 50.000 Euro kostet. Selbst wenn man die Kosten bis 2030 auf 9.000 Euro drücken könnte, wäre der Preis immer noch zu hoch für einen Durchbruch der Brennstoffzelle am Markt, so das Ergebnis einer Studie der Beratungsfirma Roland Berger. »Erst wenn der Durchbruch zu platinfreien Systemen gelingt, können diese ein signifikantes Marktpotenzial erreichen«, meint Studienautor Wolfgang Bernhart. Technisch sind solche Systeme aber noch weit von der Serienreife entfernt.

Aber warum mit H_2 und O_2 erst Strom erzeugen, um ihn dann in mechanische Energie der Fortbewegung umzuwandeln? Einfacher war da die Idee von BMW, den Wasserstoff in einem normalen Benzin-Motor zu verbrennen, was sie im letzten Jahrzehnt mit ihren Hydrogen-7-Autos aus dem Stand demonstriert haben. Das ist mit etwa 30 Prozent Wirkungsgrad zwar nicht besonders effizient, aber ohne große Umbauten machbar und als Hybrid mit einem Normalbenziner kombinierbar – und daher sehr einfach und robust.

Trotzdem sind beide Lösungen zurzeit nicht lukrativ. Das Problem sind nicht nur die Herstellungskosten solcher Autos, sondern, wie auch bei den Mini-Blockheizkraftwerken, die neue Infrastruktur zu Herstellung und Verteilung von Wasserstoff oder Methan. Und genau deswegen wird sich da lange nichts tun, bis der Ölpreis und der Klimaschutz uns dazu zwingen. Denn in Sachen Reduktion der CO_2-Emissionen ist ein Wasserstoffkreislauf unschlagbar, weil CO_2-frei, wenn der Wasserstoff mit Sonnenenergie produziert wird.

»Das ist der ganze Jammer: Die Dummen sind sich so sicher und die Gescheiten so voller Zweifel.«

Bertrand Russell (1872–1970)
Britischer Philosoph

DAS HEIZKOSTENSPAR-PARADOX

Wie spart man mehr Heizkosten:
Heizung durchlaufen lassen oder
zwischendurch mal ausstellen?

Ich fand diese Frage durch Zufall in einem Diskussionsforum im Internet und erinnerte mich daran, dass dieses Problem mindestens schon seit 50 Jahren leidenschaftlich und kontrovers diskutiert wird, obwohl die richtige Antwort doch klar ist. Hier ist sie.

Das bisschen Wärme …

Vor etwa 30 Jahren schwor ein guter Freund von mir Stein und Bein, man müsse die Heizung immer, selbst während längerer Abwesenheit, durchlaufen lassen, um Heizkosten zu sparen. Denn, so sein Argument, wenn man die Heizung abschaltet, dann kühlt sie aus. Die viele Wärme, die man dann bräuchte, um die Wohnung wieder auf Raumtemperatur zu bringen, wäre größer, als wenn man mit einem bisschen Wärme die Wohnung auf Raumtemperatur hält. G. Wesener postete auf haustechnik-dialog.de ähnlich, fast sogar schon philosophisch: »Bezogen auf das Gesamtsystem Heizung bedeutet Abschalten in jedem Falle einen Schritt zurück, welcher als erneuter Schritt vorwärts zusätzlich entsprechend neue Energie erfordert. Also ist es in jedem Falle richtiger, die Heizung durchlaufen zu lassen.« Heizkosten sparen durch Dauerheizen? Das nenne ich das Heizkostenspar-Paradox, obwohl es doch irgendwie logisch klingt, oder?

Dass dieses Argument nicht grundsätzlich richtig sein kann, zeigt folgende kurze Überlegung. Nehmen wir an, man braucht 7 Wärmeeinheiten, um eine ausgekühlte Wohnung wieder auf Raumtemperatur zu bringen und verbraucht pro Tag nur 1 Wärmeeinheit, um sie auf Raumtemperatur zu halten. Dann ist sofort klar, dass eine konstante Beheizung der Wohnung über länger als eine Woche teurer ist, als sie aus dem ausgekühlten Zustand wieder auf Raumtemperatur zu bringen. Diese Überlegung ist unabhängig von den genauen Werten. Sie besagt nur: Es muss sich irgendwann lohnen, die Heizung auszumachen statt sie durchlaufen zu lassen. Das sagt uns auch unser gesunder Menschenverstand. Die Frage ist nur: Ab wann lohnt sich das?

Ein bisschen absenken, ein bisschen sparen

Um das herauszubekommen, sehen wir uns eine Wohnung etwas genauer an. (Die folgende Begründung ist die einfachste, die ich finden konnte, mag aber immer noch kompliziert erscheinen. Sorry, richtige Antworten bedürfen manchmal einer genauen Überlegung. Wer sich diese Details sparen will, gehe gleich zum Abschnitt »Sparen lohnt nicht immer!«)

Nehmen wir an, Sie fühlen sich daheim bei 24 °C behaglich wohl, während es draußen 14 °C kalt ist. Der Temperaturunterschied beträgt also $\Delta T = 10$ °C. Außerdem habe Ihre Wohnung den Wärmedurchgangskoeffizienten U. Diese auch als U-Wert bezeichnete Größe beschreibt das Durchgangsvermögen von Wärme durch eine Wand oder ein Fenster. Sie ist die gängigste Größe zur Beschreibung des Wärmeschutzes eines Hauses und ist daher für Hausbauer eine entscheidende Größe. Die genaue Größe von U spielt hier keine Rolle. Wichtig ist nur zu wissen, je größer U, umso schlechter ist Ihre Wohnung gedämmt. Die Wärme W, die aus der Wohnung entweicht, bestimmt sich nun als $W = U \cdot \Delta T \cdot A \cdot t$. Dabei ist A die Fläche Ihrer Wohnung, über die die Wärme entweichen kann, also Wände, Boden und Decke, und t ist die Zeitspanne über die die Wärme entweicht.

Wir bezeichnen nun die Wärmemenge, die bei $\Delta T = 10\,°C$ über 1 Stunde über die Wände verloren wird, als 1 Wärmeeinheit. Diese Wärmemenge muss die Heizung aufbringen, damit die Wohnung 1 Stunde lang bei 24 °C warm bleibt. Nehmen wir alternativ an, Sie würden stattdessen die 1 Stunde nicht heizen und die Temperatur fiele dadurch um 1 °C auf 2 °C (zugegeben, ein ziemlich schlecht isoliertes Haus, ist aber für unsere Überlegung zunächst egal). Wie groß wäre die Wärmemenge, um die Wohnung wieder auf 24 °C aufzuheizen? Nun, hätten Sie konstant weiter geheizt, dann wäre die Wohnung auf 24 °C geblieben. Daher muss die Aufwärmmenge etwa diese 1 Wärmeeinheit betragen. Tatsächlich ist sie ein klein wenig geringer: Da Ihre Wohnung ½ h lang $\Delta T = 9,5\,°C$ und ½ h lang $\Delta T = 9,0\,°C$ hatte, brauchen Sie wegen $W = U \cdot \Delta T \cdot A \cdot t$ zusammen nur ½ + 0,95·½ = 0,975 Wärmeeinheiten, um wieder hochzufahren. Ich überlasse es Ihnen, durch weitere Verfeinerung einen noch genaueren Wert für die Aufwärmmenge zu berechnen, er verringert sich dadurch aber nur unwesentlich.

Viel absenken, mehr sparen

Jetzt kommt es aber. Da nach 1 Stunde $\Delta T = 9\,°C$ ist, brauchen Sie wegen $W = U \cdot \Delta T \cdot A \cdot t$ nur noch eine Wärmemenge von 0,9 Wärmeeinheiten, um die Wohnung bei 23 °C statt bei 24 °C zu halten. Wenn sie nachts die Temperatur noch weiter abfallen lassen, sparen Sie sich auch diese 0,9 Wärmeinheiten, und die Temperatur fällt nach 2 Stunden auf 22 °C. Um von da aus zurück auf 24 °C zu kommen brauchen Sie 0,9 + 1 = 1,9 Wärmeeinheiten. Sie brauchen hingegen 2,0 um die Temperatur durchgehend auf 24 °C zu halten! Damit ist klar, wenn Sie nachts die Temperatur auf 18 °C absinken lassen, sparen Sie sich einerseits 6 Stunden à 1 Wärmeeinheit = 6 Wärmeeinheiten und brauchen dafür am nächsten Morgen 0,5 + 0,6 + 0,7 + 0,8 + 0,9 + 1,0 = 4,5 Wärmeeinheiten, um die Wohnung von 18 °C wieder auf 24 °C hochzufahren. Sie haben 1,5 Wärmeeinheiten gespart!

Sparen lohnt nicht immer!

Die Antwort auf die Frage »Ab wann spart man Wärme, wenn man die Heizung abdreht oder gar nur herunterdreht?« lautet also: »Man spart immer!« Insofern ist das Heizkostenspar-Paradox gar nicht paradox, sondern einfach falsch. Aber, je kürzer und geringer die Temperaturabsenkung und je besser das Haus isoliert ist (kleineres U), umso weniger spare ich! Daher hat ein gut isoliertes Haus zwei Vorteile: Ich spare über das Jahr nicht nur Heizkosten, sondern es lohnt sich kaum mehr, die Heizung herunterzufahren, wenn ich einen halben Tag lang nicht im Hause bin. Außerdem kommt man dann zurück, und die Wohnung ist gleich kuschelig warm. Worauf man aber bei einem extrem gut isolierten Haus unbedingt achten muss, ist eine gute, möglichste wärmeverlustfreie (also teure), Lüftung. Fazit: Moderne wärmeisolierte Wohnungen mit guter Lüftung, bei denen man nur noch bei längerer Abwesenheit die Heizung herunterdrehen muss, sind praktisch und langfristig ihr Geld wert.

»Gesunder Menschenverstand
mag ein gutes Werkzeug sein,
solange es um Fragen des täglichen Lebens geht;
aber es ist ein unzureichendes Werkzeug,
wenn wissenschaftliche Untersuchungen einen
gewissen Schwierigkeitsgrad erreicht haben.«

Hans Reichenbach (1891–1953)
Naturphilosoph
In: »The rise of scientific philosophy«

DAS SOLLTE MAN
ÜBER LED-LAMPEN WISSEN

LED-Lampen machen Licht. Damit hört die Gemeinsamkeit
zu herkömmlichen Glühlampen aber auch schon auf.
Um die richtige LED-Lampe zu kaufen,
sollte man etwas mehr davon verstehen.

Licht kann man nicht sehen!

Licht ist nicht gleich Licht, obwohl es oft so scheint. Was man
gemeinhin unter natürlichem Licht versteht, ist das Licht eines
sogenannten schwarzen Strahlers. Muss diese Lektion in Physik
sein, wird jetzt mancher fragen? Ein bisschen schon, denn nur
derjenige, der die Physik von Licht einmal grundsätzlich verstanden hat, weiß, wie er mit Licht umzugehen hat.

Ein Beispiel: Licht kann man normalerweise nicht sehen!
Wenn Sie etwa einen Laserpointer anmachen, dann sieht man
sein Licht erst, wenn es etwa auf die Wand trifft und von dort ins
Auge reflektiert wird. Der Lichtstrahl selbst ist unsichtbar! Also
nur Licht, das ins Auge trifft, nimmt man wahr. Diese scheinbare Selbstverständlichkeit wird aber bei Badbeleuchtungen oft
missachtet. Halogenstrahler, die von oben auf Waschbecken
scheinen, machen vielleicht eine schöne Raumbeleuchtung, was
Frauen lieben, aber man kann sich damit im Spiegel nicht sehen
und schminken! Warum? Um sich zu sehen, muss nicht der Spiegel angeleuchtet werden, wie viele glauben, sondern das eigene
Gesicht. Dazu muss das Licht seitlich oder besser von vorn auf

das Gesicht scheinen. Wenn es Punktstrahler (Licht, das nur von einem Leuchtpunkt ausgeht) sind, mögen das wiederum die Augen nicht, weil man dann geblendet wird. Deswegen ist die beste Badspiegelbeleuchtung eine flächig strahlende Neonröhre, die links oder rechts oder über dem Spiegel angebracht ist.

LED-Helligkeit

Damit sind wir bei einem wichtigen Punkt: Hell ist nicht gleich hell. Was ist eigentlich hell? Das Maß für das gesamte abgestrahlte sichtbare Licht einer Lichtquelle, der sogenannte Lichtstrom, ist Lumen (lm). Er ist ein wichtiges Leistungsmerkmal für ein Leuchtmittel (Lampe), also auch für LEDs, und sollte auf jeder LED-Packung angegeben sein. Eine Lampe mit viel Lumen muss für uns aber noch nicht hell erscheinen. Wenn das Licht per Reflektor in eine Richtung gebündelt wird, dann wird bei gleich viel Lumen mehr Licht in einen bestimmten Raumwinkel abgestrahlt. Das Licht in diesem Raumwinkel ist damit »heller«. Diese Helligkeit wird Lichtstärke genannt und in Einheiten Candela (cd) gemessen. Die Lichtbündelung ist zudem ein Merkmal einer Lampe und ist bei Lampen mit Reflektoren ebenfalls oft angegeben, meist als Abstrahlwinkel, typischerweise 25 Grad oder 40 Grad. Eines ist aber wohl klar: Ein kleiner Abstrahlwinkel bewirkt zwar mehr Candela in der abgestrahlten Richtung, dafür ist der Bereich, der damit erhellt wird, aber kleiner. Will man bei einem größeren ausgeleuchteten Raumwinkel mehr Helligkeit, hilft nur mehr Lumen.

LED-Effizienz

Bei normalen Glühbirnen spart man sich diese Angaben, weil man immer von einer rundum strahlenden Lampe ausgeht. Deren Helligkeit wird aber allein durch die verbrauchte Leistung bestimmt. Statt also den Käufer mit Lumen zu verwirren, gibt man bei Glühlampen die elektrische Leistung in Watt an, und damit weiß der Käufer nicht nur aus Erfahrung wie hell die Birne ist, sondern auch wie viel Strom sie verbraucht.

Die Leistung von LEDs wird oft auch in Watt angegeben. Damit wissen wir zwar, wie viel sie verbraucht, weil sie aber eine ganz andere Lichtausbeute (Effizienz) hat, geben die Hersteller meist immer dazu an: »Entspricht xx Watt einer Glühlampe«. Das ist zunächst zwar praktisch, weil man sich nicht an Lumen gewöhnen muss, aber etwas problematisch. Denn leider ist bei einer Glühlampe die Beziehung zwischen Leistung und Lumen nicht linear. Eine 25-W-Glühlampe strahlt etwa 230 lm ab, aber eine 100-W-Lampe nicht 4 x 230 lm = 920 lm, sondern etwa 1400 lm, also 50 Prozent mehr Licht ab. Der Lichtstrom einer bestimmten LED ist jedoch immer streng linear zur elektrischen Leistung. Wenn Sie also eine LED auf 50 Prozent Leistung dimmen, dann erhalten Sie auch nur die Hälfte der Helligkeit (in lm oder cd). Die Lichtausbeute (Effizienz) einer Glühlampe nimmt also mit abnehmender Leistung ab, die einer LED hingegen nicht. Daher gibt es für eine gegebene Helligkeit auch keinen festen Leistungs-Umrechnungsfaktor zwischen Glühlampe und LED, zumal die Effizienz von LEDs zwischen Herstellern sehr unterschiedlich ausfallen kann (von 40 lm/W bis etwa 100 lm/W). Grob kann man sagen, dass die Effizienz einer LED mit 700 lm (entspricht 60 W Glühlampe) etwa um den Faktor 5- bis 10-mal besser ist als von Glühlampen. Ich rechne immer mit Pi-mal-Daumen 8.

Die Farbtemperatur von Licht

Die wichtigen Merkmale einer LED sind nicht nur Lumen pro Watt und Abstrahlwinkel, sondern auch Farbtemperatur und Farbwiedergabequalität. Womit wir bei dem bereits erwähnten wichtigen Punkt »schwarzer Strahler« sind. Abhängig von der

Helligkeit »erwartet« das Auge nämlich auch eine veränderte Farbtemperatur (Farbton). Was ist das? Für unser Auge ist nur das Licht ein gutes Licht, das von einem festen Körper bei einer bestimmten Temperatur abgestrahlt wird. Eine glühende Herdplatte hat eine Temperatur von etwa 500 °C und sieht rötlich aus. Je heißer so ein strahlender Festkörper ist, desto gelblicher und schließlich weißer wird sein Farbton. Eine Lichtquelle mit diesem Verhalten nennt man in der Physik einen schwarzen Strahler. Die Sonne hat eine Temperatur von 5430 °C = 5700 K (Kelvin) und wird tagsüber als natürlich weiß wahrgenommen – das perfekte Licht. Wenn die Sonne untergeht, nimmt ihre Helligkeit stark ab und ihr Farbton sinkt durch Absorptionen in der Atmosphäre, so, als wäre sie weniger als 1000 K heiß. Die Sonne verhält sich also wie ein schwarzer Strahler. Dieses Verhalten erwartet das Auge auch in Wohnräumen. Wenn wir also das Licht herunterdimmen, dann soll auch das Licht »gemütlicher«, also rötlicher, werden. Genau so verhält sich auch eine Glühlampe, weil sie, wie die Sonne, ein perfekter schwarzer Strahler ist.

LED-Farbtemperaturen

Die LED ist da ganz anders. Sie verhält sich nicht wie ein schwarzer Strahler, sondern beim Dimmen verändert sich nur ihre Helligkeit, nicht jedoch ihr Farbton. Daher sieht eine gedimmte LED für uns immer ungemütlicher aus als eine gedimmte Glühlampe. Also, Romantiker aufgepasst: Eine gedimmte LED ersetzt keinen Kerzenschein, eine gedimmte Glühlampe sehr wohl! Da dimmbare LEDs zudem technisch aufwendiger und damit teurer sind, gibt es meist jede LED als dimmbar und nicht-dimmbar zu kaufen. Wenn also auf einer LED-Packung nicht explizit dimmbar steht, dann ist sie meist auch nicht dimmbar! In Wohnräumen sollte man warm-weiße LEDs mit Farbtemperatur 2700 K wählen, bei lichtstarken LEDs auch 3000 K. Weil LEDs

mit solch warmen Farbtönen jedoch technisch schwieriger herzustellen sind, werden einem in Baumärkten gern auch LEDs mit
bis zu 6000 K untergeschoben (ohne das explizit anzugeben).
Deren Licht sieht dann kalt-bläulich aus und ist in Innenbereichen nicht zu gebrauchen.

LED-Farbwiedergabequalität

Es gibt da noch ein Problem mit LEDs: Ihre Qualität der Farbwiedergabe, gemessen mit dem sogenannten Farbwiedergabeindex (Ra, international: CRI = color rendition index), der von 0
bis 100 geht. Glühlampen haben, weil schwarzer Strahler, meist
eine perfekte Farbwiedergabequalität (CRI = 100). Das heißt,
jede Körperfarbe, die man in ihr Licht hält, sieht gleich gut
aus, was für das Auge sehr angenehm ist. LEDs jedoch strahlen
naturgemäß nur bei einer einzigen Wellenlänge (Farbe) und hätten daher Farbwiedergabequalität CRI = 0. Um daraus weißes
Licht zu erhalten, benutzt man am einfachsten eine blaue LED
mit hohem Wirkungsgrad, deren blaues Licht zum Teil über eine
gelbliche Lumineszenzschicht in gelbes Licht konvertiert wird.
Das ursprüngliche Blau dominiert aber immer, und daher sehen
solche billigen, aber effizienten LEDs immer bläulich aus, haben
also eine zu hohe Farbtemperatur und einen schlechten CRI-
Wert (schlechte Rotwiedergabe) dazu. Besseres Licht erhält man
mit einer teureren und nur halb so effektiven UV-LED mit drei
Lumineszenz-Schichten in rot, grün und blau, was den Spektralbereich relativ gleichmäßig abdeckt. Der CRI-Wert ist mit 80
bis 90 entsprechend höher. Zu empfehlen sind nur solche aufwendigen LED-Lampen, die heutzutage nur wenig mehr kosten. Leider geben die Hersteller diesen wichtigen CRI-Wert nur
selten an. Trotz besserem CRI-Wert haben diese hochwertigen
LEDs manchmal noch einen leichten Farbstich. Wenn es also
darauf ankommt, sollten Sie eine LED-Lampe probekaufen und

sie mit einer Glühlampe gleicher Helligkeit (Candela!) direkt
vergleichen.

LED-Baulängen und Zünddauer

Und schließlich noch drei kleine Probleme bei LED-Lampen.
LED-Lampensockel sind zwar immer kompatibel zu denen
herkömmlicher Lampen und ihre Durchmesser meist auch, aber
ihre Baulängen nicht unbedingt! So passt zwar jede LED-Lampe
mit GU10-Sockel in eine Halogen-Leuchte mit GU10-Fassung,
aber sie kann länger sein als die typischerweise 55 mm langen
Halogenreflektoren und kann daher aus der Leuchte heraus-
ragen, was unschön aussieht.

Was mich persönlich stark nervt, ist, wenn eine LED nicht
sofort »da« ist, sondern wie bei manchen Kompaktleucht-
stofflampen erst nach kurzer Zeit zünden. Nun sollte man meinen, das kann bei LEDs nicht vorkommen, da LEDs Halbleiter-
elemente sind und sofort strahlen müssten. Weil LEDs aber eine
Versorgungsspannung von nur 2 V oder weniger benötigen, die
üblichen Versorgungsspannungen aber 230 V oder 12 V sind,
brauchen LED-Lampen eine interne Elektronik, die die Spannung entsprechend heruntertransformiert, und ein schlechter
Wandler braucht eben manchmal, bis er liefert. Solch ein unan-
genehmes Verhalten geben die Hersteller auf der Packung natürlich nicht an. Daher hilft auch hier nur eines: ausprobieren.

»Gute Geschichten müssen nicht wahr sein,
aber Physik muss es.«

Paul J. Nahin (*1940)
US-amerikanischer populärwissenschaftlicher Sachbuchautor
In:»Time Machines«

WAS FAHRVERBOTE GEGEN FEINSTAUB WIRKLICH BRINGEN

Die Grünen fordern es schon seit Jahren: das Verbot von Diesel-Pkws in Großstädten. Was würde das bringen? Eine Nachforschung.

Es ist wie verhext, Feinstaub macht krank, keine Frage. Aber woher kommt der Feinstaub genau, und welcher ist für unseren Körper schädlich? Und wie schädlich? Darüber liest man in den Medien eigenartigerweise nichts. Also habe ich mich auf die Suche nach belastbaren Daten gemacht.

Feinstaub ist nicht gleich Feinstaub

Man redet immer nur von Feinstaub allgemein. Aber Feinstaub ist nicht gleich Feinstaub. Damit beginnen die Untiefen der Feinstaubdiskussion. Am liebsten messen die Deutschen den Feinstaub PM 10, weil er am einfachsten zu messen ist. »PM« steht für »particulate matter« (engl. für Feinstaub) und die Zahl danach bezeichnet den Durchmesser des Staubes in Mikrometern, hier also Feinstaub der Größe 10 µm. Berlin hat unter unten stehendem Link[14] gar einen Echtzeit-Luftqualitäts-Index. Sehr schön, aber leider auch nur PM 10. Besser wäre eine Messung feineren Staubes PM 2,5, denn PM 10 dringt nur bis in den Nasen-Rachenraum vor und ist daher gesundheitlich kaum bedenklich.

---

14 http://aqicn.org/city/germany/berlin/de/

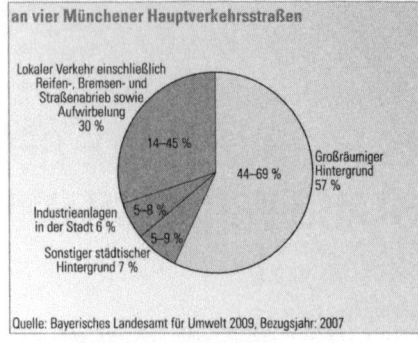

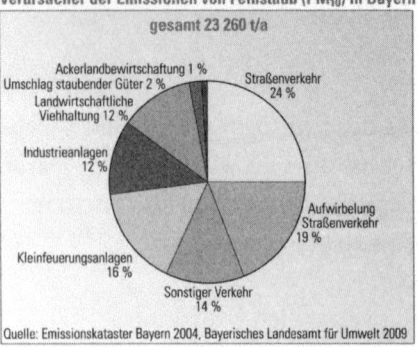

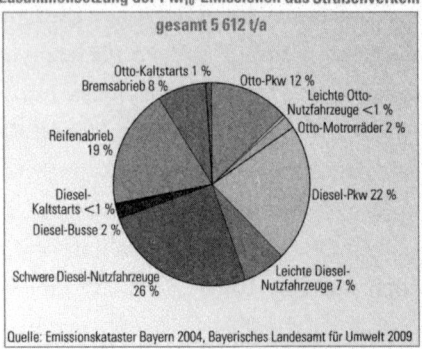

Die Feinstaub-PM10-Emissionen in München und Bayern (Quelle: Bayerisches Staatsministerium für Umwelt und Gesundheit)

Aber man kann diesen hässlichen Dreck sehen und vielen ist nur das böse, was man auch sieht. Gesundheitsschädlich ist aber erst der PM 2,5 oder noch kleiner, weil der bis in die Luftröhre, Bronchien und Alveolen eindringt, dort ins Blut gelangt und darüber im Wesentlichen zerebrovaskuläre Insuffizienz (Schlaganfall) und koronare Herzkrankheiten (Herzinfarkt) auslöst. Aber PM 2,5 kann man halt nicht sehen.

Das sind die Feinstaubquellen

PM 10 also. Die besten Daten von PM 10 findet man über der Münchner Innenstadt. Und dort ist die Landshuter Straße (eine Ein- und Ausfallstraße Richtung Westen) sozusagen die Feinstaubhölle. Wie setzt sich der Feinstaub PM 10 dort zusammen? Die Abbildung zeigt es.

Der größte Teil mit etwa 57 % kommt aus dem Münchner Umland und nur etwa 30 % aus dem Verkehr der Münchner Innenstadt. Davon entfallen 24 % / (24 % + 19 % + 14 %) = 42 % ursächlich auf den Straßenverkehr. Auf den Ruß von Diesel-Pkw davon 22 % und auf den Ruß von Dieselnutzfahrzeugen 35 %. Effektiv trägt also der Ruß von innerstädtischen Diesel-Pkws mit 2,8 % zum PM 10 in der Münchner Innenstadt bei. Würde man also alle Diesel-Pkws in München-Innenstadt verbieten, würde sich der PM 10 von derzeit 20 µg/cbm Luft auf 19,4 µg/cbm verringern. Na toll. Ich denke, diese Ergebnisse lassen sich im Wesentlichen auch auf andere deutsche Großstädte übertragen.

Die Krux mit dem Feinstaub ist, dass es nicht nur eine Feinstaubquelle gibt, nämlich den Straßenverkehr, wie man immer glaubt, sondern viele, viele unterschiedliche. Mit etwa 20 % – 38 % (je nach Ort) tragen Partikel aus den Ammoniumsalzen Ammoniumnitrat und -sulfat am meisten dazu bei. Der größte Verursacher der Ammoniumsalze ist die Viehwirtschaft.

Ammoniakemissionen aus der landwirtschaftlichen Tierhaltung reagieren in der Atmosphäre mit anderen Luftschadstoffen (z. B. Schwefeldioxid, Stickstoffoxide) zu diesen Salzen.

Ammoniumsalze mit PM 2,5 sind das eigentliche Problem

Es sind diese Ammoniumsalze, die hauptsächlich den oben genannten großräumigen Hintergrund von 57 % aus dem Umland erzeugen, der auch in die Städte eindringt. Das Problem mit diesen Ammoniumsalzen ist, dass sie tatsächlich PM 2,5 und kleiner sind. Deswegen schweben sie für ewig in der Luft und verteilen sich durch Winde großräumig. Wenn man sich die räumliche Verteilung von PM 2,5 in Deutschland anschaut, dann sieht man tat-

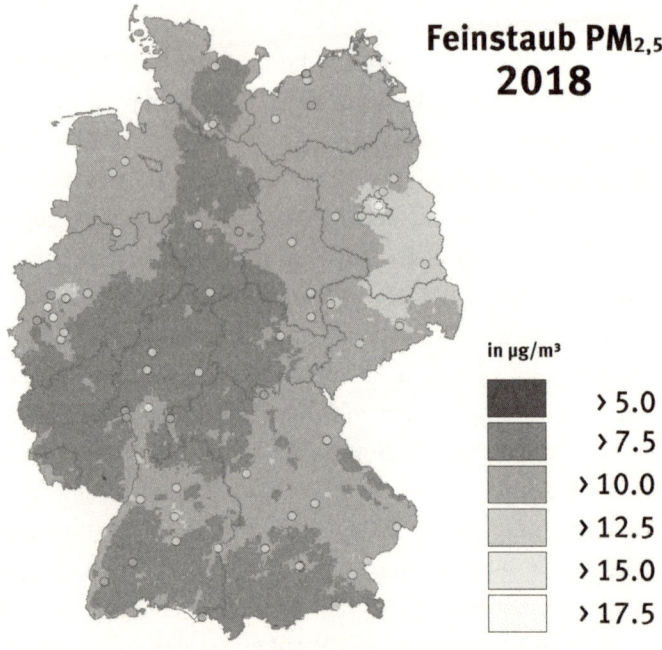

Feinstaub PM$_{2,5}$
2018

in µg/m³

▓	› 5.0
▓	› 7.5
▒	› 10.0
░	› 12.5
░	› 15.0
□	› 17.5

Die Feinstaub-PM-2,5-Emissionen in Deutschland 2018.
(Quelle: Umweltbundesamt)

sächlich keine städtischen Hotspots – alles mehr oder weniger gleiche Konzentration in Deutschland. Nur Berlin und Leipzig (helle Punkte) zeigen etwa doppelt so hohe Werte wie das Umland.

Aber diese PM 2,5 sind genau der gesundheitliche Knackpunkt. Gemäß einer internationalen Studie in der renommierten Fachzeitschrift *Nature* aus dem September 2015 über den Beitrag von Feinstaub zur Sterberate (der Anlass, warum ich mich für Feinstaub interessiert habe) beträgt die Feinstaub-Todesrate weltweit 3,3 Millionen pro Jahr, davon in Deutschland 34.000 Tote pro Jahr, hauptsächlich durch PM 2,5. Von diesen 34.000 Toten pro Jahr entfallen 45 % auf die Ammoniumsulfate der Viehwirtschaft und demgegenüber nur 20 % auf die Ursachen des Straßenverkehrs.

6.800 Personen sterben jährlich am Feinstaub durch den Straßenverkehr, aber nur die Hälfte, nämlich 3.400 Personen pro Jahr im Straßenverkehr! Dafür sterben durch den Feinstaub der Viehwirtschaft 15.300 Personen pro Jahr in Deutschland. Wer jetzt die Viehwirtschaft zum bösen Buben machen will, sollte sich klarmachen, dass der Feinstaub nur im geringen Maß zu den 114.000 Toten pro Jahr beiträgt, die an zerebrovaskulärer Insuffizienz (Schlaganfall) und koronaren Herzkrankheiten (Herzinfarkt) in Deutschland erkranken. Die Viehwirtschaft ist also für 13 % und der Straßenverkehr nur für 6 % dieser Todesfälle verantwortlich. Das ist zwar nicht vernachlässigbar, aber doch ein geringer Teil.

Ich für meinen Teil kann mit solchen Folgen aus Viehwirtschaft und Straßenverkehr gut leben. Da nämlich zerebrovaskuläre Insuffizienz und koronare Herzkrankheiten 13 % aller Todesfälle in Deutschland ausmachen, beträgt die Wahrscheinlichkeit, durch Feinstaub aus Viehwirtschaft zu sterben, nur 1,7 %. Da ist es mir die Lebensqualität durch ein gutes Steak vom Bauern statt eines Tofu-Steaks zu 100 % wichtiger.

»*Wer das Unerwartete nicht erwartet, wird es nicht finden. Für ihn wird es unaufspürbar sein und unzugänglich.*«

Demokrit (460–370 v. Chr.)
Griechischer Philosoph

STRATEX ALAN
SCHLÄGT STRATOS FELIX

Fast unbemerkt von der Weltöffentlichkeit
hat Alan Eustace, Senior Vice President bei Google,
am 24. Oktober 2014 Felix Baumgartners Rekorde
aus dem Jahre 2012 gebrochen.
Einfach so?

Die Welt ist einfach ungerecht. Im Oktober 2012 sprang Felix Baumgartner (*1969) mit einem Raumanzug aus 39 Kilometern Höhe und stellte dabei drei Weltrekorde auf, darunter »größte vertikale Geschwindigkeit« nämlich 1357,6 km/h und somit erstmals Überschallgeschwindigkeit im freien Fall. Die Vorbereitung und die drei Sprünge selbst, wobei der letzte der Weltrekordsprung war, waren perfekt inszeniert, die veröffentlichten Bilder und Videos einfach großartig, und die Öffentlichkeit fieberte regelrecht mit.

Die Ungerechtigkeit liegt in der Tatsache, dass zwei Jahre später, am 24. Oktober 2014 ein gewisser Alan Eustace (*1956) ein No-Name in der Fallschirmspringer-Szene aus 41 Kilometern Höhe sprang und dabei ebenfalls drei Weltrekorde aufstellte, die auch von der für solche Rekorde zuständigen FAI gewürdigt und dokumentiert wurden. Weil es aber keine große mediale Begleitung dieses Sprunges gab, blieb dieser Sprung in den Medien praktisch ungewürdigt und im Bewusstsein der Öffentlichkeit ist er nahezu nicht existent.

Die Rekorde von Felix Baumgartner

Für eine genaue Beurteilung muss man sich die beiden Sprünge genauer anschauen. Felix Baumgartner wurde in einer druckdichten Gondel auf 38,9694 Kilometer Höhe gebracht, wo er ausstieg und sich dann frei fallen ließ (1. Rekord: größte Ausstiegshöhe). Nach genau 50 Sekunden erreichte er in 28,833 Kilometern seine größte vertikale Geschwindigkeit von 1357,6 km/h oder 1,25 Mach (2. Rekord) und erst in 2,5668 Kilometern Höhe zog er dann seinen Fallschirm, was ihm den längsten freien Fall von 36,4026 Kilometern einbrachte (3. Rekord). Die anschließende Fallschirmlandung war das Tagesprogramm eines jeden Fallschirmspringers.

Der minimalistische Alan Eustace

Anders Alan Eustace. Er überlegte sich, wie man auf gleiche Art, aber einfacher, diese Rekorde brechen könnte. Seine Idee war gut: einfach alles Unnötige weglassen. Warum eine druckdichte und sehr schwere Gondel, wenn der Raumanzug, den man sowieso die ganze Zeit an hat, druckdicht ist? Also weg mit der Gondel! Er ließ sich also nur in seinem Druckanzug am Helium-Ballon hängend nach oben ziehen. Die Videosequenzen[15] dazu sind beeindruckend. Allein diese Gewichtseinsparung, sogar in einem kleineren Ballon als Felix, brachte ihn auf 41,420 Kilometer Höhe, also 2,45 Kilometer höher als Felix, wo er sich ausklinkte (1. Rekord: größte Ausstiegshöhe) und dann nach unten fiel.

Redout durch Flat Spin

Alan war aber nicht lebensmüde. Er war zwar kein erfahrener Fallschirmspringer, aber er kannte das gegenüber Felix' Sprung erhöhte und möglicherweise tödliche Problem eines Redout im

---

15 https://www.youtube.com/watch?v=0WmaZhpd3hI

Flat Spin. (Ein Flatspin bei einem menschlichen Körper ist das Rotieren (engl. spin) um seine Querachse, weil dann die Rotation flach (engl. flat) erscheint. Dabei sind die Zentrifugalkräfte so hoch, dass das Blut kräftig in Kopf und Beine gedrückt wird. Das ruft einen starken und höchst bedrohlichen Blutüberschuss in der Retina der Augen hervor, der von einem Menschen kurz vor der Bewusstlosigkeit (engl. out) als rote Umwelt wahrgenommen wird, den sogenannten Redout.) Daher zog Alan mit dem Absprung gleichzeitig einen Stabilisierungs-Schirm, einen sogenannten Drogue Chute. Der verhindert solch unkontrollierbare Körperdrehungen. Felix erzählte mir in einem Gespräch, er hätte versucht, den Körperspin durch Ausfahren seiner Arme zu kontrollieren. Zuerst hielt er den linken Arm heraus, was seinen Spin um die vertikale Achse aber nur vergrößerte. Geistesgegenwärtig zog er ihn wieder ein und fuhr dann den rechten Arm heraus, der den Spin dann tatsächlich verringerte. In so einer Grenzsituation, wissend dass bei einem zunehmenden Spin der Redout erfolgen kann und darauf Bewusstlosigkeit, gehört zu so einem Manöver viel Erfahrung und ein kühler Kopf dazu.

Sicher zu neuen Rekorden

Darauf ließ sich Alan wie gesagt erst gar nicht ein, sondern überließ die Spinstabilisierung einem kleinen Hilfsfallschirm. Dessen Luftwiderstand reduzierte jedoch seine Fallgeschwindigkeit, weshalb Alan trotz größerer Absprunghöhe nur eine maximale vertikale Fallgeschwindigkeit von 1321 km/h erreichte und damit Felix' Rekord von 1357,6 km/h nur knapp verfehlte. Aber auch er flog Überschall, was die Zuschauer durch den weit hörbaren Überschallknall auch bezeugten. Damit stellte er aber einen neuen Rekord in der FAI-Kategorie »größte vertikale Geschwindigkeit mit Drogue Chute« auf (2. Rekord). Weil Alan höher absprang, fiel er auch tiefer, und zwar 37,617 Kilometer, zwar nicht wie Felix im freien Fall, sondern in der Kategorie »größte Freifallstrecke mit Drogue Chute oder Stabilisierungseinrichtung« (3. Rekord). Das mag zwar nicht so toll sein wie die 36,403 Kilometer von Felix im echten freien Fall, aber es ist ein anerkannter Rekord, nur halt in einer anderen Kategorie. Und letztendlich zählt oft nur die Anzahl der Rekorde und nicht deren diskutierbare feine Unterschiede. Außerdem, was bedeutet »echter freier Fall«? Ein Raumanzug hat ebenfalls einen großen Einfluss auf Luftwiderstand und Spinverhalten. Irgendjemand könnte auf die Idee kommen, Alans Sprung zu wiederholen und statt des Drogue Chutes eine spezielle Naht in seinen Raumanzug einzufügen, die ihn stabilisiert. Welche Falte oder Naht in einem Raumanzug gilt noch nicht und ab wann als stabilisierend?

Kleider machen Leute

Übrigens, das Wort »Raumanzug« und der Werbespruch »Jump from the edge of space« von Red Bull, dem Sponsor des Sprungs von Felix, hat viele Leute dazu verleitet zu glauben, Felix sei aus dem Weltraum durch die Atmosphäre gesprungen. Weit gefehlt. Der Weltraum beginnt nach internationalen Standards erst in 100 Kilometern Höhe, also weit weg von den Sprunghöhen von Felix und Alan. Dass beide wegen des in 40 Kilometern Höhe herrschenden geringen Luftdrucks einen Druckanzug brauchten und sich dazu einen Anzug anfertigen ließen, der auf Weltraumtechnologien basiert und dort hätte getragen werden können, und sie beide daher aussahen wie Astronauten in einem Raumanzug, ist eine ganz andere Sache.

WISSENSCHAFT IM ALLTAG

»Neugier ist Drang eines Philosophen
und am Beginn der Philosophie steht die Neugier.«

Platon (428–348 v. Chr.)
In: »Theaitetos«

WARUM EIS GLATT IST

Warum ist Eis glatt, aber ein Steinfußboden nicht?
Die genaue Erklärung dafür kennen wir erst seit Kurzem,
und der Weg dorthin liest sich wie ein Krimi.

Sie kennen das wahrscheinlich auch. Sie steigen morgens aus der Dusche und sagen sich: Ganz vorsichtig, sonst rutsche ich mit meinen nassen Füßen auf den Bodenfliesen aus. Dann trocknen Sie sich mit dem Handtuch die Füße, und dann ist es mit dem Rutschen vorbei. Es ist dann vielmehr genau andersherum. Die feuchten Füße kleben irgendwie auf den glatten Fliesen, und wenn man mit den Füßen über die Fliesen streift, quietscht es. Wenn dann nach etwa 10 Minuten die Füße wieder ganz trocken sind, erst dann hat man wieder die normale Bodenhaftung.

Offensichtlich verursacht der Wasserfilm zwischen dem Fuß und den glatten Fliesen das Rutschen, denn flüssiges Wasser, wie jede andere Flüssigkeit auch, ist nicht scherfest, das heißt, es setzt einer Querkraft (Scherung) keinen Widerstand entgegen.

Rutschen unter dem Mikroskop betrachtet

Aber warum haften dann feuchte Füße besser als nasse oder trockene Füße? Das hat etwas mit der mikroskopischen Struktur der Fuß- und Fliesenoberfläche zu tun. Die sind nämlich nicht absolut glatt, sondern sehen unter dem Mikroskop wie eine alpine Berglandschaft aus. Bei trockenen Füßen berühren sich die Bergspitzen gegenseitig und greifen leicht ineinander. Daher rutscht man normalerweise nicht. Aber die Berührung geschieht nur punktweise und nicht vollkommen flächig. Hier kommt nun die Restfeuchte der Füße ins Spiel. Das wenige Wasser bildet keinen rutschigen Film, sondern füllt lediglich die noch offenen Zwischenräume aus. Dadurch wird die Berührung flächig, das Füllmaterial Wasser wirkt mikroskopisch wie ein Kleber und die Haftung nimmt zu. Sind die Füße wieder ganz trocken, fällt die Wasserfüllung weg und man hat wieder die ganz normale Haftung zwischen zwei festen Oberflächen.

Wenn wir jetzt fragen: »Warum ist Eis glatt?«, dann liegt es nahe, dass auf der Eisoberfläche ein dünner, flüssiger Wasserfilm existieren muss, auf dem man »ausrutscht«. Das hört sich zunächst wie ein Widerspruch an, denn die Eigenschaft von Eis ist ja gerade, dass es fest ist. Wie so oft bei scheinbaren Paradoxien liegt der Teufel im Detail. Ja, die Oberfläche von Eis ist fest, aber …

So dachte man bisher

Wenn etwas die Oberfläche berührt, dann ändert sie sich. Was dann genau passiert, interessierte die Wissenschaftler schon seit sehr langer Zeit. Das Problem dabei war, wenn man zum Beispiel Kufen auf die Eisoberfläche stellt, kann man den Bereich zwischen Kufe und Eisoberfläche nicht mehr betrachten, die Kufe steht einer Messung im Weg. Daher haben die Wissenschaftler anfangs spekuliert, was wahrscheinlich passieren würde. Die gängigste Theorie bis vor einigen Jahrzehnten war, dass Wasser unter Druck schmilzt. Das ist tatsächlich eine ganz besondere und bizarre Eigenschaft von Wasser, denn normalerweise wird ein Festkörper unter Druck noch fester. Der Druck der schmalen Kufe erzeugt also so einen hohen Druck, dass sich unter der Kufe ein Wasserfilm bildet, auf dem die Schlittschuhfahrer gleiten.

So dachte man bisher, und das lernen die Kinder immer noch

in der Schule. Ist aber falsch. Das erkennt man daran, wenn man mit normalen Schuhen auf spiegelglattem Eis steht, dann rutscht man kaum. Erst wenn man Anlauf nimmt zum Eisrutschen, dann wird Eis rutschig – und das, obwohl eine großflächige Schuhsohle einen sehr kleinen Druck auf Eis erzeugt. Rutschigkeit, also Wasserfilmbildung, hat demnach weniger etwas mit Druck, sondern mit Bewegung auf dem Eis zu tun. Daher glaubten die Wissenschaftler bis vor Kurzem, dass die Reibungswärme, die die Kufenoberfläche durch Reiben auf dem festen Eis erzeugt, das Eis verflüssigt und man so auf dem entstandenen Wasserfilm gleitet.

Aber nicht alle Wissenschaftler waren von dieser Erklärung überzeugt, denn erstens, so stellte man mit Messungen fest, ist bei einer Temperatur von -10 °C ein Wasserfilm etwa 20-mal gleitfähiger als Eis. Außerdem ist die Temperaturabhängigkeit der Gleitfähigkeit ganz anders als erwartet. Die Gleitfähigkeit nimmt im Temperaturbereich -20 °C bis 0 °C mit zunehmender Temperatur nicht konstant leicht linear, sondern rasant zu, bis Eis bei 0 °C wasserglatt ist. Die Reibungswärme-Theorie schien also einigermaßen richtig aber offensichtlich nicht ganz richtig. Irgendetwas fehlte noch.

Die Entdeckung, bei der es Klick machte

Im Jahr 2015 kam der entscheidende Hinweis durch eine Veröffentlichung eines gewissen Bo Persson, einem Wissenschaftler am Forschungszentrum in Jülich in Nordrhein-Westfalen. Er zeigte, dass sich Messungen der temperaturabhängigen Gleitfähigkeit durch das Potenzgesetz $(0° - T[°C])^{-0,15}$ sehr gut beschreiben lassen und außerdem die gleitfähige Schichtdicke zunimmt; sie divergiert logarithmisch. Obwohl Persson mit dieser Beschreibung keine direkte Erklärung des Rutschphänomens gab, macht es bei diesen Gesetzen bei jedem Physiker »Klick«.

Ein Potenzverhalten, mit dem einem sogenannten kritischen Exponenten (hier 0,15) beschreibt ein sogenanntes »kritisches Phänomen«, also das Verhalten einer Struktur in der Nähe einer kritischen Temperatur, hier 0 °C.

Damit war allen Physikern klar, was hier passiert, nämlich Folgendes: Die Gitterstruktur von Eis an der Oberfläche wird bei 0 °C nicht schlagartig wässrig (kein sogenannter Phasenübergang 1. Ordnung), wie man bisher dachte, sondern unter dem Einfluss von Reibungswärme unterliegt diese Grenzschicht einem kontinuierlichen Phasenübergang 2. Ordnung, was bedeutet, die Gitterstruktur löst sich zuerst nur punktweise, dann zunehmend schneller immer flächiger und in zunehmenden Schichttiefen auf, bis sie bei 0 °C durch und durch unordentlich, also flüssig ist. Zugleich wird das gesamte Eis, ohne äußere Reibungswärme, wie bekannt schlagartig flüssig.

Was genau passiert in der Grenzschicht?

Die einzige Frage, die noch bleibt, ist, warum die Eis-Grenzfläche unter Zuführung von Reibungswärme dieses Auflösungsverhalten zeigt, obwohl sie nach klassischer Theorie fest sein sollte, solange die Temperatur unter 0 °C liegt, was hier der Fall ist. Hier meine persönliche Erklärung, die von dem großen Physiker Faraday aus der Mitte des vorletzten Jahrhunderts inspiriert ist: Er stellte fest, dass zwei Eiswürfel, die man zusammenbringt, schnell miteinander verwachsen. Es scheint also eine, nur wenige Atomlagen dicke Grenzschicht zu geben, die auch ohne zusätzliche Reibungswärme »angeflüssigt« ist.

Es ist nicht ungewöhnlich, dass Oberflächen von Festkörpern eine leicht andere Eigenschaft aufweisen als der innere Bereich. Atome im inneren Bereich sind in alle Raumrichtungen immer von benachbarten Atomen umgeben, und so definiert sich die feste Struktur. Atome an der Oberfläche fehlen jedoch die

Bindungskräfte auf der offenen Seite und weisen daher manchmal andere Strukturen auf als tief drin, sie erfahren dadurch eine sogenannte Oberflächenrekonstruktion. Eine Ebene unter der Oberflächenebene »sehen« Atome natürlich ebenfalls diese strukturelle Rekonstruktion und müssen sich darauf einstellen. Die Rekonstruktion zieht sich also über einige Atomebenen hin und nimmt dabei ab. Die Rekonstruktion bei Eis an der Oberfläche nahe am Schmelzpunkt scheint vermehrte Unordnung und somit teilweise Verflüssigung zu sein, die sich abnehmend über eine gewisse Schichtdicke erstreckt.

Mit dieser Erkenntnis lässt sich das Verhalten der Eisoberfläche so verstehen: Da gibt es zunächst das unbelastete Eis, das eine natürliche angeflüssigte Schicht von nur wenigen Atomlagen (siehe Klebeeffekt von Faraday) Dicke aufweist, zu dünn, um auf ihr zu gleiten. Unter dem Einfluss von Reibungswärme verbreitert sie sich aber so weit, dass Schlittschuhläufer und Eisrutscher auf ihr gleiten können. Die Erfahrung zeigt, dass die ideale Eistemperatur dafür -5 °C ist. Wenn es noch kälter ist, dann reicht die Reibungswärme nicht mehr, die Grenzschicht genügend tief »anzuflüssigen«. Bei Temperaturen unter -20 °C geht angeblich gar nichts mehr, dann geht nur noch Schlittschuhe einpacken und nach Hause.

Diese Erklärung beruht wie gesagt nicht auf der genauen Beobachtung der Grenzschicht, denn die ist ja unzugänglich, sondern sie ist ein reiner Indizienbeweis. Aber bei dem passt jetzt alles zusammen, der Krimi ist aufgeklärt, alle Wissenschaftler sind zufrieden und können sich dem nächsten Paradox zuwenden.

»Mit Skepsis beginnt die Suche nach Wahrheit.«

Ulrich Walter

WARUM HEISSES WASSER SCHNELLER GEFRIERT ALS KALTES

»Heißes Wasser gefriert schneller als kaltes.«
Ist das ein Mythos? Nein, das ist kein Mythos,
aber der Teufel steckt im Detail.

Es gibt Mythen, die sind einfach nicht totzukriegen, weil viel zu schön, um falsch zu sein. Etwa der: Physiker haben bewiesen, dass Hummeln nicht fliegen können. Das stimmt zwar nicht, wird aber trotzdem immer wieder gern von Menschen zitiert, die der Wissenschaft grundsätzlich misstrauen. Wie die Physik den Hummelflug erklären kann, hatte ich ja bereits im Kapitel *Trotzen Hummeln der Physik?*, siehe Seite 119 ff., hier im Buch gezeigt.

Es gibt andere Mythen, die nicht totzukriegen sind, weil sie Paradoxien beschreiben, also wissenschaftlichen Erkenntnissen scheinbar widersprechen, da man die genauen Erklärungen noch nicht kennt. Dazu gehört: Heißes Wasser gefriert schneller als kaltes. Dieses Paradox wurde erstmals in der Antike von Aristoteles (384–322 v. Chr.) erwähnt, und im Laufe des Mittelalters und der Neuzeit durch Experimente immer wieder bestätigt. Daher ist es so bekannt, dass man es überall im Internet findet, etwa in der berühmten »Stimmt's?«-Kolumne[16] der Wochenzeitung *Die Zeit* (dort falsch erklärt) oder auf YouTube Videos[17]

---

16 http://www.zeit.de/stimmts/1997/1997_27_stimmts
17 https://www.youtube.com/watch?v=3YOq68WB5vA

(lustig, aber inkonsequente Experiment-Durchführung und keine Erklärungen).

Das kann doch nicht sein!

Aber jedem logisch denkenden Menschen sträuben sich die Nackenhaare. Das kann doch nicht sein! Wenn heißeres Wasser abkühlt und bei der Temperatur vom anfänglich kälteren Wasser ankommt, dann ist das in der Zeit doch auch schon weiter abgekühlt. Und wenn das wärmere Wasser wieder bei der tieferen Temperatur des anderen Wassers angekommen ist, dann ist das doch auch schon wieder kälter, usw. Es scheint also so wie beim Paradox von Achilles und der Schildkröte, der sie niemals überholen kann, obwohl er schneller läuft als sie.

Das Paradox von Achilles und der Schildkröte ist aber schnell entlarvt, denn es enthält den Trugschluss, dass unendlich viele kleiner werdende Zeitintervalle auch eine unendliche Zeitdauer bedeuten. Das ist nicht so. Wenn Achilles schneller läuft als die Schildkröte, dann konvergiert die unendliche Zeitreihe zu einem endlichen Wert. Nur, beim Wasser liegt die Sache anders, denn die Abkühlgeschwindigkeit von gleichem Wasser bei gleichen Temperaturverhältnissen ist immer dieselbe. Daher divergiert hier die unendliche Zeitreihe logarithmisch, weil die Temperaturdifferenz exponentiell abnimmt, aber nie Null wird. Heißes Wasser kann also unter diesen Umständen kälteres nicht einholen.

Tut es aber trotzdem! Deshalb hat dieses knifflige Paradox einen eigenen Namen erhalten, Mpemba-Effekt, nach Erasto B. Mpemba (*1950), der es als Schüler im Jahr 1963 wiederentdeckte und als Wissenschaftler im Jahr 1969 in der Fachzeitschrift *Physics Education* veröffentlichte. Jeng veröffentlichte im Jahr 2006 einen Übersichtsartikel und Brownridge versuchte 2011 durch genauere Experimente eine wissenschaftliche Erklärung zu geben.

Der Teufel liegt im Detail!

Wenn etwas scheinbar gegen Logik verstößt, gilt meist die Regel: Der Teufel liegt im Detail! So auch hier. Und die Details hat sich bisher keiner besser angeschaut als der Schüler Julian Schneider aus Villingendorf im Jahr 2014 im Rahmen seines Mpemba-Projekts für »Jugend forscht« (anfangs zusammen mit seinem Mitschüler Pablo Wöhrstein). Was hat er gefunden, was andere vor ihm nicht fanden? Statt nur zu messen, wann ein Wasserglas durchgefroren ist, schaute er sich mit einer Wärmebildkamera den Erstarrungsprozess im Glas genau an.

Dabei fand er Folgendes heraus: Natürlich erreicht kälteres Wasser die 0 °C Temperatur früher als wärmeres Wasser (siehe unten stehendes YouTube Video[18]). Um genau zu sein, ein anfänglich 21 °C kaltes Wasserglas brauchte bis zum Gefrierpunkt 1,5 Stunden, während ein 80 °C heißes Wasser dafür 2,2 Stunden brauchte. Unsere Logik stimmt also. Aber ab da läuft die Erstarrung unterschiedlich schnell ab, und das, obwohl der Erstarrungsprozess identisch ist. Zuerst erstarrt nämlich das Wasser an der Glaswand und an der Wasseroberfläche – klar, die tiefen Umgebungstemperaturen kühlen das Wasser von außen nach innen. Danach pflanzt sich bei beiden das Eis von außen nach innen fort, bis das Glas komplett durchgefroren ist. Diesen Erstarrungsprozess von außen nach innen konnte Julian Schneider mit seiner Wärmebildkamera genau verfolgen und die lokalen Temperaturen auf diese Weise sogar messen. Der gesamte Prozess »bei 0 °C angekommen bis komplett durchgefroren« dauerte beim anfänglich 80 °C heißen Wasser nur 5 Stunden, aber beim 21 °C-Wasser 6,9 Stunden! Damit ist ein anfänglich 80 °C heißes Wasserglas nach insgesamt 7,2 Stunden durchgefroren, 21 °C-Wasser jedoch erst nach insgesamt 8,4 Stunden. Das ist

---

18 https://www.youtube.com/watch?v=3YOq68WB5vA

ein erstaunlich großer Unterschied und bestätigt das Paradox zweifellos!

Wie kann das sein?

Mit dieser Messung hat Schneider zwar nicht erklärt, warum die Erstarrung schneller abläuft, jedoch die bis dahin konkurrierenden Erklärungen auf eine eingegrenzt: Die Konvektion macht den Unterschied!

Hier also die wohl richtige Erklärung: Wärmeres Wasser hat wegen des anfänglich größeren Temperaturgradienten während des gesamten Abkühl- und Erstarrungsprozesses eine größere Konvektion. Dabei steigt es im Zentrum des Glases nach oben und am Rand des Glases nach unten. Diese Zirkulation ist, im Zustand gleicher Temperatur der beiden Gläser, beim anfänglich wärmeren Wasser bei jeder Temperatur größer als beim anfänglich kälteren. Wegen der stets größeren Zirkulation ist die Abkühlgeschwindigkeit des anfänglich wärmeren Wassers sogar etwas größer als die des kälteren, aber nicht so unterschiedlich, dass, wie bei Achilles und der Schildkröte, das wärmere Glas das kältere »überholt«. Interessanterweise konnte Schneider eine größere Konvektion auch dann messen, als sich unter 4 °C die Dichteverhältnisse des Wassers zwischen außen und innen umdrehten. Dieses Phänomen gälte es noch genauer zu verstehen.

Da gefrorenes Eis an der Glaswand nicht zirkuliert, bildet es eine bessere Isolation nach innen als das stärker zirkulierende anfänglich heißere Wasser. Es sind also zwei Effekte, die das Paradox ausmachen: Die schwächere Zirkulation des anfangs kälteren Glases isoliert den flüssigen Innenteil früher und erschwert den Wärmeaustausch zwischen dem wärmeren Innen und kälteren Außen. Dieser Temperaturunterschied bleibt länger erhalten. Umgekehrt verringert bei dem anfänglich heißeren Glas die größere Zirkulation die Temperaturunterschiede zwischen Innen- und Außenwasser schneller, weshalb das Glas schneller durchfriert.

Besser heißes oder lauwarmes Wasser zum Enteisen einer Autoscheibe?

In einem Diskussionsforum im Internet gab mir jemand mit dem Pseudonym *Maasländer* auf diese Erklärung folgendes anderes Beispiel: »Wenn ich im Winter aber heißes Wasser auf die gefrorene Autoscheibe schütte, gefriert es ebenfalls viel schneller als kaltes Wasser bei der gleichen Prozedur. So ist zumindest meine subjektive Erfahrung. Wie wäre das zu erklären, da die Konvektion des Wassers wohl keine Rolle spielen dürfte?«

Meine Erklärung dazu ist Folgende: Auch hier spielen Konvektionen (Wasserwirbel) die entscheidende Rolle. Hier jedoch hauptsächlich angetrieben durch die besondere Geometrie einer dünnen Wasserschicht. Je dünner eine Schicht, umso schneller kühlt sie auf beiden Seiten aus (nach unten zur eiskalten Scheibe, nach oben per Verdunstungskälte in die Atmosphäre). Der dabei entstehende starke Temperaturgradient zwischen Oberflächen und Zentrum der Schicht führt zu sehr großer Konvektion (Wasserwirbel) in der Schicht. Ist die Wasserschicht auf der Autoscheibe sehr dünn, wird dann sehr schnell 0 °C erreicht. Die dabei erzeugten sehr starken Wasserwirbel bleiben auch noch bei 0 °C erhalten (Konvektionswirbel, etwa Rauchringe, zerfallen nur sehr langsam). Daher kann es hier ebenso wie beim obigen Wasserglas passieren, dass nach Erreichen von 0 °C der Prozess des Durchgefrierens schneller abläuft und daher die anfänglich heiße Wasserschicht schneller durchgefroren ist als mit lauwarmem Wasser. Den Grenzfall einer instantanen Vereisung bei kleinen heißen Wassertropfen zeigt unten aufgeführtes Video[19] sehr schön. Bei all dem muss es draußen aber sehr, sehr kalt sein. Falls nicht, reicht viel Wasser aus, um die nächtliche Eisschicht auf der Scheibe aufzulösen und mit einem Wischer abzuziehen, also das, was man eigentlich im Sinn hatte.

Fazit: Nach einer sehr kalten Nacht lieber mehr lauwarmes Wasser längere Zeit langsam über die Scheibe gießen als wenig heißes Wasser kurzzeitig.

___

19 https://www.youtube.com/watch?v=B3 VHGTQQs-4

»Wer einmal das Fliegen erlebt hat, der wird auf Erden stets mit zum Himmel gewandten Augen einhergehen – denn dort war er und dort wird er mit seinen Gedanken immer sein.«

Leonardo da Vinci (1452–1519)
Einer der berühmtesten Universalgelehrten aller Zeiten

WARUM FLUGZEUGE FLIEGEN – AUFTRIEB DURCH ABWIND

Der Lehrer in der Schule sagt: Das ist wegen dem Bernoulli-Effekt und bläst zur Demonstration zwischen zwei Papierblätter, die sich dann irgendwie magisch anziehen. Wenn Sie nie verstanden haben, was das eine mit dem anderen zu tun hat, warum die Demonstration keine gute Erklärung ist und was dafür die richtige Erklärung ist, dann sollten Sie jetzt weiterlesen.

Im Prinzip ist das mit dem Fliegen ganz einfach. Wenn etwas nicht herunterfällt, sondern gegen die Schwerkraft oben bleibt, dann gibt es eine Kraft, die es oben hält. Die nennt man Auftrieb. Davon gibt es zwei Arten:

Statischer Auftrieb

Da gibt es zunächst den statischen Auftrieb. Der ist recht einfach zu verstehen. Etwas Leichtes schwimmt auf einer schweren Flüssigkeit, etwa ein Stück Holz auf Wasser. Oder, wenn ich im Schwimmbad tief einatme, dann treibt mein Körper zur Oberfläche und wenn ich ganz ausatme, dann sinkt mein Körper auf den Boden des Schwimmbads. Daran erkennt man sofort, die Dichte, also die Masse meines Körpers pro verdrängtem Volumen, ist entscheidend. Mit dem Einatmen werde ich zwar nicht schwerer, verdränge aber mehr Wasser, weshalb meine Dichte geringer wird als die von Wasser – ich steige dann auf.

Auch ein Luftballon aus Gummi ist schwerer als die »Flüssigkeit« Luft und fällt unaufgeblasen auf den Boden. Wenn man ihn aber mit Helium (ein Edelgas, etwa 7-mal leichter als Luft) aufbläst, dann ist irgendwann das Gewicht der verdrängten Luft größer, als das des aufgeblasenen Ballons, sodass er dann aufsteigt. Klar, die Auftriebskraft ist dann umso größer, je größer der Ballon ist.

Ein Heißluftballon kann auch aufsteigen, weil sich heiße Luft ausdehnt und daher weniger Moleküle pro Volumen beinhaltet als kalte. Daher ist bei gleichem Volumen heiße Luft leichter als kalte. Zusammen mit der Ballonhülle kann ein großer Heißluftballon daher leichter sein als dasselbe Volumen der verdrängten Luft, insbesondere wenn die Außenluft kalt ist. Heißluftballone fliegen also am besten im Winter.

Dynamischer Auftrieb

Ein Flugzeug aus Metall, meist Aluminium, ist so schwer, dass es weder heiße Luft noch Helium allein zum Fliegen bringen. Da Flugzeuge trotzdem fliegen, muss es also eine Auftriebskraft geben, die erst durch die Fluggeschwindigkeit erzeugt wird. Die nennt man dynamischen Auftrieb. Wenn das Flugzeug horizontal fliegt, müssen Schwerkraft des Flugzeuges und sein dynamischer Auftrieb exakt gleich groß sein. Der Ursprung des dynamischen Auftriebs ist schnell erklärt. Aus der Sicht des Flugzeuges fließt Luft an den Flügeln vorbei. Wenn ich diesen Luftstrom irgendwie nach unten ablenke, dann erzeugt die geänderte Bewegungsrichtung des Luftstroms, der sogenannte Abwind, aufgrund des zweiten Newtonschen Gesetzes eine Gegenkraft, die den Flügel und somit den Flieger nach oben drückt. Die erste Abbildung zeigt, wie der Abwind eines Düsenjets eine Schneise mit Randwirbeln in die Wolkenoberdecke schneidet. Voilà, das ist der dynamische Auftrieb!

Die Frage ist nur, wie lenkt man den Luftstrom nach unten um? Dazu gibt es zwei Möglichkeiten:

Eine Wolkenschneise mit Verwirbelungen an den Rändern, entstanden durch den Abwind der Flügel (Quelle: Paul Bowen)

Man gibt der Flügelquerschnittsfläche (Flügelprofil) eine asymmetrische Form (etwa Wölbung). Oder man kippt das ganze Flugzeug mit seinen Flügeln zur Flugrichtung. Damit ergibt sich ein bestimmter Anstellwinkel zwischen der Profillinie und der Anströmrichtung (siehe folgende Abbildung).

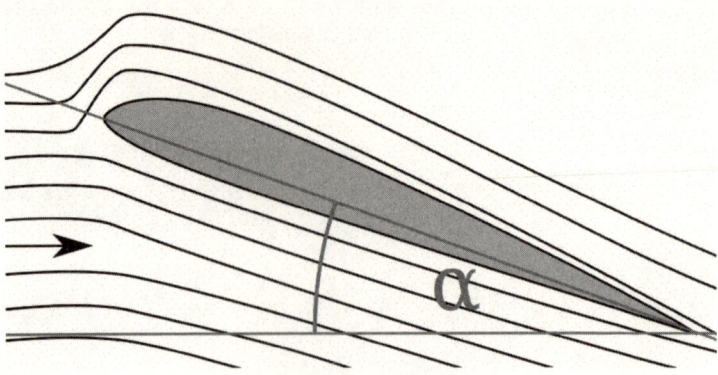

Ein asymmetrischer Flügel (ohne Wölbung) mit Anstellwinkel α zwischen der Flügel-Profillinie und der Anströmrichtung (Quelle: Theresa Knott, GNU Free Documentation License)

Es heißt oft, dass das asymmetrische Flügelprofil über den Bernoulli-Effekt den dynamischen Auftrieb allein erzeuge. Dass das so nicht richtig sein kann, erkennt man sofort aus der Tatsache, dass Flugzeuge auch auf dem Rücken horizontal fliegen können. Der Anstellwinkel muss also eine wesentliche, wenn nicht entscheidende Rolle spielen. Tatsächlich werden beide Möglichkeiten in der Fliegerei benutzt, bis hin ins Extreme. So hatte der Starfighter, Lockheed F-104, ein absolut symmetrisches Flügelprofil ohne Wölbung, flog also allein nur durch seinen Anstellwinkel. Effiziente Verkehrsflugzeuge andererseits benutzen ausgetüftelte asymmetrische Flügelprofile, sodass im Reiseflug der Anstellwinkel und somit Luftwiderstand möglichst gering ist. Davon mehr im nächsten Kapitel.

Wie groß ist die Auftriebskraft?

Egal durch welchen Effekt die Luftströmung umgeleitet wird, die Auftriebskraft ist umso größer, je mehr Luft pro Zeiteinheit (Flügelgröße) und je schneller (Fluggeschwindigkeit) sie nach unten umgelenkt wird. Dieser Luftmengenfluss nimmt im selben Verhältnis mit der Luftdichte ρ, Geschwindigkeit v und Flügelfläche A zu. Mengenfluss mal Umleitgeschwindigkeit v ist der Auftrieb. Die dynamische Auftriebskraft ist daher proportional zu $\rho v^2 A$. Die Proportionalitätskonstante ist der sogenannte Auftriebsbeiwert c_A. Er bestimmt, wie effektiv der Luftstrom umgeleitet wird, und nur er allein hängt somit vom konkreten Flügelprofil und Anstellwinkel ab. Die Auftriebskraft ist also $F_A = \frac{1}{2} c_A \rho v^2 A$. Der Faktor $\frac{1}{2}$ hat ähnlich wie bei der kinetischen Energie $\frac{1}{2} m v^2$ einen tiefergehenden physikalischen Grund, der für uns aber irrelevant ist.

Was ist mit dem Bernoulli-Effekt?

Mit der Luftstrom-Umlenkung nach unten ist das Prinzip, warum ein Flugzeug fliegt, erklärt. Wo bleibt da der berüchtigte Bernoulli-Effekt? Die Luftumlenkung bewirkt eine bestimmte Aerodynamik der Luftströmung um den Flugzeugflügel. Die Aerodynamik des Auftriebs, die den Bernoulli-Effekt beinhaltet, ist eine alternative Auftriebs-Erklärung für Fortgeschrittene, an die wir uns im nächsten Kapitel heranwagen.

»Der Mensch muss sich über die Erde zum Gipfel der Atmosphäre und darüber hinaus erheben, denn nur dann wird er die Welt, in der er lebt, vollständig verstehen.«

Sokrates (469–399 v. Chr.)
Antiker Philosoph

WARUM FLUGZEUGE FLIEGEN – DIE PHYSIK DES AUFTRIEBS

Wie allein aus der Luftumströmung eines Körpers Auftrieb entsteht und deshalb selbst Klaviere fliegen könnten.

Im vorigen Kapitel hatte ich gezeigt, erst die Geschwindigkeit eines Fliegers erzeugt einen Auftrieb, den sogenannten dynamischen Auftrieb. Dieses Verhalten wollen wir jetzt durch drei unterschiedliche Betrachtungen der Strömungsverhältnisse genauer untersuchen.

Newtonsche Interpretation des Auftriebs

Ein Flügel teilt den Luftstrom in einen oberen und unteren, die jeweils über und unter dem Flügel entlangfließen. Aus der nachfolgenden ersten Abbildung ist deutlich zu erkennen, dass am Flügelende die wieder zusammenkommende Luft nach unten strömt, relativ zum horizontalen Gesamtluftstrom. Dieser in seiner Richtung nach unten geänderte Strom erzeugt per Rückstoß auf den Flügel (2. Newtonsches Gesetz) die Auftriebskraft. Das ist die prinzipiell einfachste Betrachtungsweise, wie im vorigen Kapitel dargestellt.

Die Brille der Strömungsmechanik

In der ersten Abbildung und noch besser in der zweiten Abbildung ist aber auch zu erkennen, dass durch den Anstellwinkel und das Flügelprofil die Stromlinien auf der Unterseite aufweiten

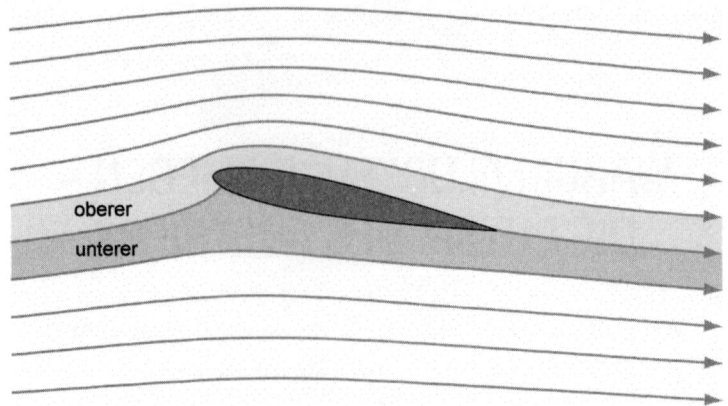

Obere und untere Luftströme um einen symmetrischen Flügel ohne Wölbung
(NACA 0012) mit 11° Anstellwinkel (Quelle: Michael Belisle, Wikimedia Commons)

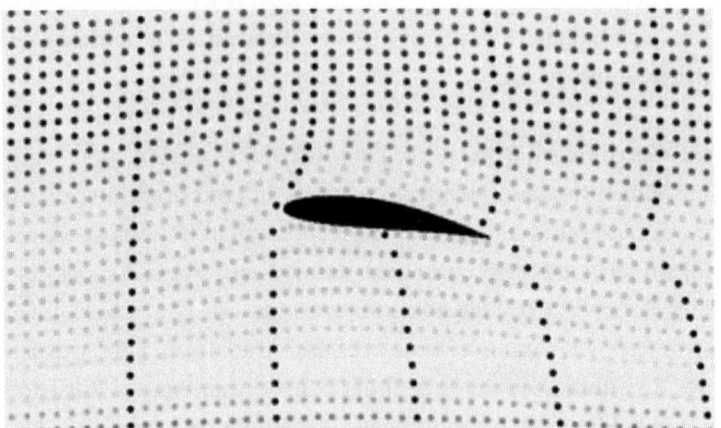

Animation der Luftströmung um einen gewölbten Kármán–Trefftz-Flügel mit 8°
Anstellwinkel. Die Punkte stellen Strömungspunkte bei gleichen Zeitabschnitten
dar. Eine horizontal höhere Punktdichte bedeutet daher sowohl langsamere Fluss-
geschwindigkeit als auch höhere Luftdichte und somit größeren Druck. Die ge-
zeigte horizontale Spreizung der schwarzen Punktlinien bedeutet also, dass die
Fließgeschwindigkeit oberhalb des Flügels fast doppelt so groß ist wie unterhalb.
Die GIF-Animation findet man unter https://upload.wikimedia.org/wikipedia/com-
mons/9/99/Karman_trefftz.gif (Quelle: Kraaiennest, Wikimedia Commons)

und auf der Oberseite verdichten, was intuitiv auch klar ist. Engere Stromlinien bedeuten aber auch einen höheren Gasdruck und umgekehrt. Von der Flügelvorderkante kommend strömt daher die Luft mit zunehmender Geschwindigkeit in dieses Unterdruckgebiet auf der Oberseite und mit abnehmender Geschwindigkeit auf die Unterseite ein. In der zweiten Abbildung beispielsweise fließt die Luft auf der Oberseite fast doppelt so schnell wie auf der Unterseite (sogenannter Venturi-Effekt). Diesen Zusammenhang zwischen kleinerem/größerem Druck und schnellerer/langsamerer Strömung nennt man Bernoulli-Effekt. Man kann den dynamischen Auftrieb daher auch alternativ interpretieren als die Kraft, die durch den Druckunterschied zwischen Ober- und Unterseite des Flügels entsteht.

Molekulare Interpretation des Auftriebs

Man könnte schließlich den Auftrieb auch so interpretieren: Die Luft strömt oben und unten am Flügel vorbei. Da Moleküle immer kleinste Zitterbewegungen ausführen (Brownsche Molekularbewegung – bei wärmerer Luft mehr, bei kälterer weniger) stoßen beim Vorbeifluss mehr Luftmoleküle pro Zeiteinheit auf die Unterseite (Überdruck = größere Punktdichte in der zweiten Abbildung) des Flügels als auf die Oberseite (Unterdruck = geringere Punktdichte). Diese Mehrstöße von unten drücken die Flügel nach oben.

Diese drei Erklärungen (Newtons Rückstoßkraft, druckbedingte Kraft durch Bernoulli-Effekt und molekulare Interpretation) sind zueinander komplementär, was bedeutet, man kann die eine im Prinzip in jede andere überführen mit demselben physikalischen Ergebnis, nämlich derselben dynamischen Auftriebskraft.

Übrigens, nach diesen Erklärungen ist klar, im Prinzip kann alles fliegen, was auch nur einigermaßen flach und genügend

schnell ist. Im Prinzip kriegt man also auch ein Klavier mit seinem flachen Klavierdeckel zum Fliegen, wenn man es auf den
Rücken legt und mit einem Düsenantrieb ausstattet. Klaviere mit
besonders großen Deckeln nennt man deswegen auch Flügel. ☺

So fliegt man langsam ...

Weil, wie wir im letzten Kapitel gesehen haben, die Auftriebskraft proportional zum Quadrat der Geschwindigkeit ist, $F_A =$
$\frac{1}{2} c_A \rho v^2 A$, wird mit abnehmender Geschwindigkeit die Auftriebskraft rasant kleiner. Beim Langsamflug, also bei Start oder
Landung, kann der Pilot den fehlenden Auftrieb nur durch einen
größeren Auftriebsbeiwert c_A ausgleichen. Das macht er mit
einem deutlich größeren Anstellwinkel und mit Flügelklappen
(Landeklappen), deren Ausfahren man vor der Landung sehr
deutlich durch das hohe surrende Geräusch hört. Die Flügelklappen vergrößern nicht nur die Flügelwölbung, sondern auch
den Einstellwinkel, also den Winkel zwischen dem Flügel und
der Rumpfachse des Fliegers, und somit zusätzlich den Anstellwinkel. Mit zunehmendem Anstellwinkel stellt der Flieger jedoch eine wesentlich größere Rumpf- und Flügelfläche gegen
die Anströmung, was den Luftwiderstand stark erhöht. Start
und Landung sind also die mit Abstand treibstoff-ineffektivsten
Flugabschnitte.

... und so fliegt man schnell

Ganz anders beim Reiseflug. Wegen der hohen Geschwindigkeit
von 800–900 km/h ist genug Auftriebskraft vorhanden. Der Pilot
verringert in diesem Flugabschnitt den Anstellwinkel auf einen
so geringen Wert, dass das gewölbte Flügelprofil allein den dynamischen Auftrieb bringt. Damit wird der Luftwiderstand extrem gering, und der Flieger gleitet mit minimalem Treibstoff-
bedarf dahin. Das einzige Problem, das der Pilot hier hat, ist,

die Auftriebskraft extrem genau einzustellen, sodass der Flieger in konstanter Höhe fliegt. Das macht er mit der sogenannten Trimmung. Dies ist ein kleiner Knopf am Steuerknüppel direkt am Daumen. Damit trimmt er das Höhenruder und per Hebelwirkung den Anstellwinkel des Fliegers genau so, dass bei der Reisegeschwindigkeit die Auftriebskraft gegen die Schwerkraft ausgeglichen wird. Tatsächlich überlässt er die genaue Trimmung meist dem Autopiloten.

Warum man nicht beliebige Sitzplätze wählen kann

Die Stärke der Trimmung, also wie weit das Höhenruder ausgelenkt werden muss, um Horizontalflug zu erreichen, hängt auch davon ab, ob der Flieger gleichmäßig beladen ist. Wenn alle Passagiere vorn säßen, läge der Schwerpunkt zu weit vorn und das Höhenruder müsste das hintere Leitwerk ständig stark nach unten drücken, um den richtigen Anstellwinkel zu halten, und umgekehrt. Für einen treibstoffeffizienten Flug braucht man also einerseits ausgefeilte Flügelprofile für großen Auftrieb bei kleinem Anstellwinkel und außerdem eine ausgeglichene Gewichtsverteilung, damit die Trimmung gering ausfällt. Letzteres ist der Grund, warum bei der Platzwahl beim Online-Check-In, die Plätze nicht von vorn nach hinten vergeben werden. Oft sind Plätze vorn als besetzt angegeben, sodass man Plätze hinten wählen muss, obwohl sie zunächst frei bleiben. So erreicht man eine gleichmäßige Beladung, auch wenn der Flieger nicht voll besetzt ist.

»*Technisch gehören wir zur Raumpatrouille,
ethisch stecken wir noch in der Steinzeit.*«

Ralph Boller (1900–1966)
Schweizer Autor

WAS SIE GARANTIERT NOCH NICHT ÜBER STROM WUSSTEN

Wie schnell fließt elektrischer Strom
vom Schalter zur Lampe?
Etwa 1 Millimeter pro Sekunde!
Wie kann dann Licht sofort angehen?

Was ist eigentlich elektrischer Strom? Elektrischer Strom ist der Fluss von Elektronen in einem metallischen Draht. Elektronen sind geladene Teilchen, die 1850-mal leichter sind als ihre Gegenstücke, die Protonen. Protonen wiederum bilden den Kern eines Atoms und die Elektronen die Hülle. Weil die Protonen viel massereicher sind, hat man ihre Ladung positiv definiert und die der Elektronen negativ. In einem Metall fügen sich die Atome so zusammen, dass sie ihre Elektronen austauschen können. Tatsächlich können sich Elektronen in Metallen nahezu ungehindert von einem Atom zum nächsten bewegen. Jedoch müssen pro Atom immer gleich viele Elektronen vorhanden sein, sonst könnten sie sich irgendwo anhäufen und es gäbe keine Ladungsneutralität mehr. Elektronen können also nur wandern, wenn es zwischen ihnen ein Bäumchen-Bäumchen-wechsel-dich gibt. Elektronen können also nur im Kreis fließen. In Stromkreisen fließende Elektronen nennt man »elektrischen Strom«.

Stromkabel = Wasserschlauch

Eine Kupferader in einem Stromkabel stellt man sich am besten wie einen Wasserschlauch vor. Das fließende Wasser darin sind die Elektronen. Ein Stromkreis ist also wie ein in sich geschlossener Wasserschlauch, bei dem das Wasser im Kreis fließt. Ein Stromkabel braucht daher mindestens 2 Adern, in der einen fließen die Elektronen zur Lampe hin und in der anderen wieder zurück. Daher hat eine Steckdose zwei Kontakte, aus einem kommen die Elektronen heraus und in den anderen fließen sie wieder zurück.

Es gibt keinen Stromdiebstahl

Dazu eine Geschichte. Es war im Jahr 1895, als ein Angeklagter wegen Stromdiebstahls vor Gericht stand. Er hatte von einer Freileitung Strom direkt in seine Wohnung abgezapft. Nach § 242 Diebstahl des Strafgesetzbuches heißt es noch heute: »Wer eine fremde bewegliche Sache einem anderen in der Absicht wegnimmt, die Sache sich oder einem Dritten rechtswidrig zuzueignen, wird mit Freiheitsstrafe bis zu fünf Jahren oder mit Geldstrafe bestraft.« Er wehrte sich gegen die Anklage mit der Aussage, er hätte schließlich keinen Strom als Sache geklaut, weil der Strom über die Rückleitung wieder in die Freileitung zurückfloss. Damit hatte er zweifellos recht, weswegen man ihn damals nicht verurteilen konnte. Erst im Jahr 1900 wurde ein Gesetz, betreffend die Bestrafung der Entziehung elektrischer Arbeit eingeführt. Seit 1953 gilt im deutschen StGB § 248c Stromdiebstahl. Der Begriff »Stromdiebstahl« ist jedoch nach wie vor falsch, da kein Strom (Elektronen) geklaut wird, sondern nur elektrische Leistung, die der Strom beim Verbraucher verrichtet.

Volt, Ampere, Watt

Was bringt das Wasser im Schlauch zum Fließen? Wasserdruck. Der Wasserdruck beim elektrischen Strom ist die Spannung, gemessen in Volt, abgekürzt V. Die Spannung zu Hause in der Steckdose, die ein Stromkraftwerk erzeugt, beträgt 230 V, was ein ziemlich hoher Druck ist. Unter dieser Spannung beginnen Elektronen zu fließen. Die Menge der fließenden Elektronen ist die Stromstärke gemessen in Ampere, abgekürzt A. Wie schnell fließen Elektronen? Wie beim Wasserschlauch hängt das vom Druck ab. Bei 230 V ist die Fließgeschwindigkeit (die sogenannte Driftgeschwindigkeit) in einem normalen Kupferdraht etwa nur ½ mm pro Sekunde! Sie haben richtig gelesen 0,5 mm/s, elektrischer Strom fließt also extrem langsam! Erst beides zusammen, die Spannung, mit der die Elektronen durch das Kabel »gedrückt« werden und ihre Anzahl machen die Leistung aus, die sie bei einem Verbraucher, etwa einer Glühlampe, verrichten können, um dann wieder zurückzufließen. Diese Leistung wird in Watt, abgekürzt W, gemessen. Wenn die »Fließgeschwindigkeit« der Elektronen so klein ist, muss ihre Menge sehr groß sein. Genau genommen sind dies bei 1 Ampere 6,2 Trillionen, also 6,2 Milliarden Milliarden Elektronen pro Sekunde. So viele bekommt man ohne Mühe durch ein nur 0,3 mm dickes Kupferkabel. Fassen wir zusammen: Die Fließgeschwindigkeit des Stroms mag zwar sehr gering sein, aber die Menge macht's.

Zack und Licht an!

Wieso geht dann die Lampe sofort an, wenn man den Schalter umlegt? Die Antwort gibt der Wasserschlauch. In fast demselben Augenblick, wo ich den Wasserhahn aufdrehe, beginnt am Schlauchende in vielleicht 10 Meter Entfernung Wasser zu fließen, obwohl die Fließgeschwindigkeit nur etwa ½ m/s ist, weil der Wasserdruck, der das Wasser zum Fließen bringt, sich weit schneller, nämlich mit Wasserschallgeschwindigkeit, durch den Schlauch ausbreitet. Diese beträgt 1,5 km/s; für uns ist das nahezu instantan. Wie schnell breitet sich Spannung in einem Stromkabel aus? Mit Lichtgeschwindigkeit! Die Lichtgeschwindigkeit (genauer: die Ausbreitungsgeschwindigkeit einer elektromagnetischen Welle) in Kupfer beträgt zwar nur 200.000 km/s, statt 300.000 km/s in Vakuum, aber weil das immer noch extrem schnell ist, geht mit Betätigung des Lichtschalters die Lampe praktisch ohne Verzögerung an.

Verkehrte Welt

Weil Physiker die Ladung der Elektronen negativ definiert haben und sich gleichartige Ladungen abstoßen und sich gegensätzliche anziehen, fließen die Elektronen immer vom Minuspol zum Pluspol. Intuitiv bedeutet aber »Plus« mehr als »Minus«. Daher haben die Elektrotechniker die sogenannte »technische Stromrichtung« von Plus nach Minus definiert, also genau umgekehrt wie die Elektronen in einem Kupferkabel fließen. Dieses Durcheinander irritiert jeden, aber damit muss man leben.

Wechselstrom für Transformatoren

Bisher habe ich vom sogenannten Gleichstrom gesprochen: Die Elektronen fließen immer in dieselbe Richtung. Wenn man die Spannung umkehrt, fließen sie natürlich genau anders herum. Die Leistung, die sie bei umgekehrter Fließrichtung erbringen, ist natürlich genau so groß. Bei der sogenannten Wechselspannung in der Steckdose zu Hause wird die Spannung und somit Stromrichtung pro Sekunde 50-mal gewechselt. Einer Glühlampe und den meisten anderen Verbrauchern ist das egal. Einer Stereoanlage ist das nicht egal. Sie macht daher per

Gleichrichter aus dem Wechselstrom Gleichstrom und ändert dabei über einen preisgünstigen Transformator gleichzeitig den Elektronendruck, also die Spannung. Transformatoren funktionieren nur mit Wechselspannung, weshalb es die Wechselspannung bei uns gibt.

»Bildung kommt nicht vom Lesen,
sondern vom Nachdenken über das Gelesene.«

Carl Hilty (1833–1909)
Schweizer Politiker und Ethiker

SPIEGLEIN, SPIEGLEIN AN DER WAND

Jeder Deutsche hat einen Spiegel zu Hause. Doch schaut man genauer hin, stellt man fest: Ein Spiegel verhält sich anders als man denkt. Ein simples Experiment zeigt dies eindrucksvoll.

Letzten Samstagabend. Auf RTL lief »Avatar – Aufbruch nach Pandora« und in Konkurrenz dazu auf Sat1 der US-amerikanische Märchenfilm »Spieglein, Spieglein – die wirklich wahre Geschichte von Schneewittchen«. Avatar gehört zwar zu meinen Lieblingsfilmen, aber noch mal anschauen hatte ich keine Lust. Also Märchenfilm. Einfach grauenhaft! Diese exzessive Mittelmäßigkeit muss man sich nicht antun. Aber das Thema »Spiegel« ist exzellent. Denn am Spiegel scheiden sich die Geister. Nicht nur in Sachen Schönheit, sondern auch in Sachen Logik.

Bitte zurücktreten!

Julia Roberts (*1967), Königin Clementianna in dem Märchenfilm, ist 1,75 m groß. Nehmen wir einmal an, sie hat zu Hause einen Badspiegel mit deutscher Standardhöhe von 70 cm. Das sollte reichen, um sich ganz zu sehen, sonst geht sie halt ein paar Schritte zurück, sollte man meinen. Aber funktioniert das wirklich? Sieht man mehr vom eigenen Körper, wenn man zurücktritt? Sie glauben es auch, stimmt's? Jetzt machen Sie den Versuch, gehen ins Bad und treten vor und zurück. Na los!

Wieder zurück? Vorausgesetzt das Waschbecken war optisch

nicht im Weg, dann werden Sie festgestellt haben, dass man, egal wie weit man vom Spiegel wegsteht, immer exakt denselben Körperausschnitt sieht, aber nie den ganzen Körper.

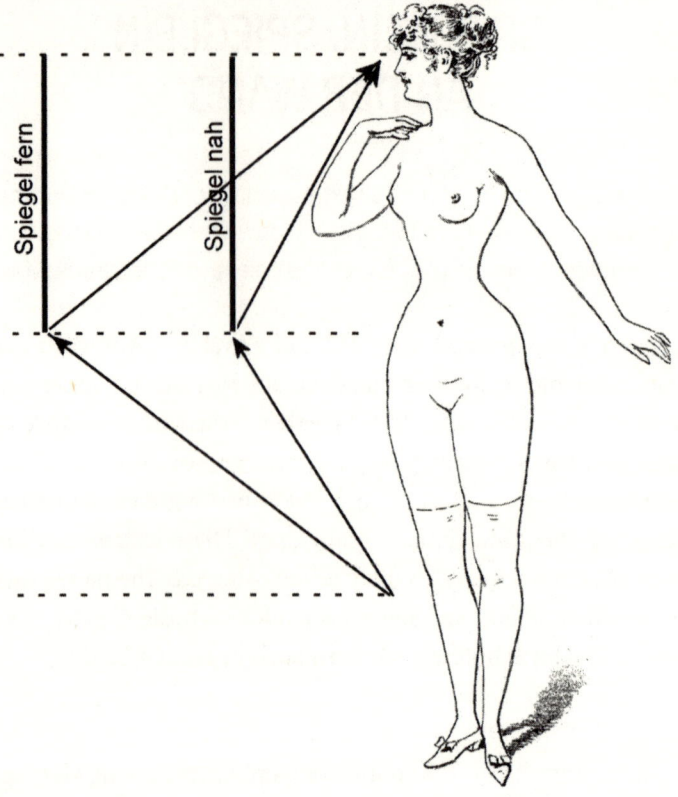

Egal, wie weit man von einem Spiegel entfernt steht, man sieht immer denselben Körperausschnitt, hier von den Augen bis zu den Knien.

Woran liegt das? Nehmen wir an, Julia hat den Spiegel so aufgehängt, dass die Oberkante genau in Augenhöhe ist, also auf etwa 165 cm. Dann ist die Unterkante des Spiegels 70 cm tiefer, also auf 95 cm, also etwa wie in der obigen Abbildung. Weil beim Spiegel Einfallswinkel gleich Ausfallswinkel ist, kann sie gerade noch den Körperteil sehen, der 70 cm unterhalb dieser 95 cm ist und somit 25 cm über ihren Fußsohlen. Wenn sie jetzt ein paar Schritte zurücktritt, ändert das an den Verhältnissen überhaupt nichts! Ich kann immer genauso weit unter die untere Spiegelkante schauen, wie meine Augen darüber sind. Nur wenn Julia den Spiegel tiefer hängt, sodass die Oberkante auf 152,5 cm Höhe, also 12,5 cm unter Augenhöhe ist, sie also ihr Gesicht selbst nicht sehen kann und die Unterkante auf 82,5 cm ist, dann kann sie gerade ihre Fußspitzen sehen, unabhängig davon, wie weit weg sie vom Spiegel wegsteht.

Es gibt aber bei gegebener Spiegelhöhe einen Trick, doch tiefer zu gucken: oben kippen! Das geht natürlich nicht, wenn er an der Wand festgemacht ist.

Im Spiegel seitenverkehrt?

Noch ein Problem mit dem Spiegel: Er macht angeblich alles seitenverkehrt. Wirklich? Stellen Sie sich noch einmal vor den Spiegel. Ich warte so lange … So, jetzt strecken Sie ihren Arm nach links aus. Was macht Ihr Spiegelbild? Der Arm geht doch in dieselbe Richtung, nämlich von Ihnen aus gesehen auch nach links! Nein, nein, werden Sie sagen, mein Konterfei streckt seinen rechten Arm aus. Das mag sein, aber darum geht es nicht. Sondern die Frage ist: In welche Richtung zeigt der spiegelbildliche Arm? Und das ist dieselbe. Offensichtlicher wird das, wenn Sie seitlich neben den Spiegel treten, sodass Sie Ihren Torso gerade nicht sehen. Wenn Sie jetzt den Arm ausstrecken, geht der Spiegelarm in dieselbe Richtung. Also nix »Spiegel macht seitenverkehrt«!

Oben und unten macht der Spiegel auch richtig. Also was jetzt? Macht der Spiegel doch alles richtig? Nein! Zeigen Sie doch einmal nach vorn, in Richtung Spiegel. Was macht Ihr Spiegelbild? Es zeigt auf Sie zu, also umgekehrte Richtung! Das ist es: Ein

Spiegel vertauscht vorn und hinten! Wer hätte das gedacht? Formal gesprochen dreht der Spiegel Ihre Sagitalachse um 180 Grad, wodurch Ihre Vorderseite auf Sie zuschaut.

Unsere Illusion, der Spiegel mache alles seitenverkehrt, entsteht dadurch, dass wir uns beim Anblick unseres Spiegelbildes unbewusst in die Lage dieses Spiegelbildes versetzen und aus der heraus sagen, der Spiegelarm zeigt in die umgekehrte Richtung. Sich in die Situation des anderen hineinzuversetzen ist übrigens ziemlich menschlich. Wir haben im Gehirn dazu eigene Neuronen, die sogenannten Spiegelneuronen. Sie lassen uns nicht nur in die Situation eines anderen hineinversetzen, sondern uns auch emotional mitempfinden. Das ist für das soziale Miteinander zwar wichtig, denn sonst würden wir einem anderen kaum helfen, wenn er Schmerzen hat, aber manchmal verführt es eben zu falschem Denken.

*»Die Grenzen des Universums und
die Dummheit der Menschen sind unendlich …
Nur beim Universum bin ich mir
noch nicht so ganz sicher.«*

Albert Einstein (1879–1955)
Deutscher Physiker

WARUM MAN VOR MIKROWELLEN KEINE ANGST HABEN MUSS

Was sind Strahlen? Wie gefährlich ist Strahlung
für den Menschen? In diesem Kapitel geht es
um die weiche Wellenstrahlung,
also etwa die Radio- und Mikrowellen-Strahlung.

Natur ist gut und Radioaktivität ist schlecht. Außerdem lassen sich Menschen am besten in 12 Klassen, die 12 Sternzeichen, unterteilen. Sag mir also, wann du geboren bist, und ich sage dir, wer du bist. Menschen lieben solches Schubladendenken, weil es die Welt so schön einfach macht. Leider ist die Welt nicht einfach, sondern ziemlich komplex, aber nur selten kompliziert. Dazu gehört auch die Wirkung von Strahlung.

Was ist elektromagnetische Strahlung?

Strahlung ist schlecht. So meinen viele und haben keine Ahnung, was Strahlung eigentlich ist. Strahlung gibt es in unterschiedlichen Formen, die so verschieden sein können, dass man sie gar nicht miteinander vergleichen kann. Da ist zunächst die ursprüngliche Form, die Wellenstrahlung, genau genommen heißt sie elektromagnetische Strahlung, also der Fluss von elektromagnetischen (EM) Wellen. EM-Wellen sind Wellen, die sich wie Wasserwellen in unserem 3-dimensionalen Raum ausbreiten, dazu aber – im Gegensatz zur Wasserwelle – kein echtes Medium benötigen, das Vakuum des Weltraums reicht auch.

Anschaulich gesprochen ist eine EM-Welle eine kleine Portion Energie, die sich über schwingende elektrische und magnetische Felder fortpflanzt. Eine Welle ist masselos, beinhaltet also reine Energie (plus Impuls). Die Intensität einer Strahlung ist einfach die Summe ihrer Wellen.

Vergessen Sie Radiowellen

Eine immer wiederkehrende Frage ist, kann Energie in Form von EM-Wellen dem Menschen schaden? Die Antwort lautet: Das hängt davon ab. Schauen wir uns zunächst eine einzelne Welle an. Sie kann ihre Energie auf einen menschlichen Körper nur dann übertragen, wenn ihre Wellenlänge entweder so groß ist wie der ganze menschliche Körper oder einzelne Körperzellen, oder wenn ihre Frequenz mit den Frequenzen von Molekülen in einer Zelle übereinstimmt. Da menschliche Körperteile kleiner sind als etwa 1 Meter, können also auch nur solche EM-Wellen ihre Energie vollständig auf den Körper übertragen (Wellenabsorption), wenn ihre Wellenlänge kürzer als 1 Meter sind, also kürzer als Rundfunkwellen. Außerdem sind Rundfunk-Frequenzen von wenigen Kilohertz bis einigen hundert Megahertz weitab jeglicher molekularer Frequenzen. Daraus folgt automatisch, dass unser Körper für Rundfunkwellen einfach nur »Luft« ist. Sie können solche Wellen also getrost als Bösewichte vergessen, egal wie hoch die Intensität der Strahlung ist, solange natürlich die Temperaturerhöhung erträglich bleibt. Die besonderen Eigenschaften von Niederfrequenz-Wellen, also Wellen weit länger als mehrere Kilometer, kläre ich im nächsten Kapitel.

Der Voodoo um Mikrowellen

Erst bei den Mikrowellen tut sich etwas, beginnend mit den Wellen von Handys und Mikrowellenherd (beide etwa 10 cm Wellenlänge) bis hin zu Radarwellen (etwa 1 mm). Solche Wellen bringen mit ihrer Frequenz Wassermoleküle zum Rotieren. Dadurch wird die Mikrowelle absorbiert und ihre Energie als Rotationsenergie auf das Molekül übertragen, was innerhalb kurzer Zeit wiederum die Körperzelle erwärmt. Mikrowellen von Handys und Mikrowellenherden erwärmen also Körperzellen. Darüber hinaus haben sie keine Wirkung auf unseren Körper. Wie stark die Erwärmung ist, hängt von der Strahlungsintensität ab, also der Anzahl der Wellen, die pro Zeiteinheit auf eine Körperfläche trifft. Mikrowellengeräte in Arztpraxen zur Heilung von akuten und chronischen Erkrankungen des Bewegungsapparates, der Gelenke, der Wirbelsäule und der Muskulatur geben eine extrem hohe Intensität ab. Auch der Mikrowellenherd hat in seinem Inneren eine hohe Strahlungsintensität. Damit die Wellen schön im Mikrowellenherd bleiben und das Essen und nicht Ihr Gesicht erwärmen, wenn sie neugierig reinschauen, haben Mikrowellenherde im Fenster ein aufgeklebtes metallisches Lochgitter mit Lochdurchmesser von etwa 1 mm. Die 10 cm langen Wellen können da nicht durch. Die Erklärung hört sich zwar primitiv an, es verhält sich aber genau so: Ein Kamel passt nicht durch ein Nadelöhr.

Ich habe nie verstanden, wie Menschen Angst vor Mikrowellenherden haben können, die wie Handys ihre Körperzellentemperatur um lediglich und nachgewiesenermaßen um nicht mehr als 0,5 °C erhöhen können, aber wenn sie frieren ein warmes Bad nehmen und so die Körpertemperatur um viele Grade erhöhen und dann sagen, das sei gesund für ihren Körper. Warum soll Wärme in Form eines Bades oder einer geballten Ladung von Mikrowellen des Arztes gut und im Fall der schwachen Mikrowellenstrahlung von Handys schlecht sein? Das verstehe, wer will. Jetzt sagen Sie nicht, es gäbe unterschiedliche Wärme oder so. Wärme durch Absorption von Wellen ist ganz normale Wärme, um genau zu sein die translatorische Bewegung von Molekülen oder Atomen.

*»Astronauten haben den Vorzug,
ihren Frauen nichts mitbringen zu müssen.«*

Robert Lembke (1913–1989)
Deutscher Journalist und Fernsehmoderator

HARTE WELLENSTRAHLUNG –
JETZT WIRD'S GEFÄHRLICH

Nachdem wir eben die harmlose weiche Wellenstrahlung
betrachtet haben, geht es jetzt um die hochfrequente harte
Wellenstrahlung, also Infrarot-, Licht- und Röntgenstrahlung.

Die »gute« Infrarotstrahlung

Die Terahertz-Strahlung ist kurzwelliger als die eben besprochene
Mikrowelle. Sie kommt in Natur und Technik aber kaum vor, da
es kaum einen physikalischen Effekt gibt, der sie erzeugt.

Dann aber die Infrarotstrahlung. Sie hat eine Wellenlänge
von 1/100–1/1000 mm. Wenn Sie eine Infrarotlampe auf Ihre
Haut halten, wird es so richtig warm. Weil auch die Sonne viel
Infrarotanteil hat, wird es auch unter der prallen Sonne so richtig heiß. Diese schon recht kurzwellige Strahlung bringt die Moleküle in einer Hautzelle zum Vibrieren, und die setzen die Vib-
rationen wiederum in Zellwärme um. Infrarotstrahlung ist also
schon heftiger als Mikrowellen, aber immer noch recht harmlos.

Das vergötterte Licht

Licht, also optische Strahlung mit etwa 1/5000 mm Wellenlänge,
wird von den Menschen vergöttert – fiat lux! Tatsächlich ist sie
aber schon hart genug, um in chemischen Bindungen die Elektronen anzuregen. Das bedeutet, ab jetzt verändert sich unter Ein-
strahlung von EM-Wellen die elektronische Struktur chemischer
Verbindungen. Genau darauf beruht die Funktionsweise unse-

rer Netzhaut. Diese elektrischen Anregungen werden per Seh-
nerven weitergeleitet, und nur deshalb können wir sehen. Aber
auch das ist für einen Körper gerade noch schadlos, denn die
Moleküle werden nur elektronisch angeregt, bleiben chemisch
jedoch noch unversehrt.

Jetzt wird's richtig hart

Chemische Veränderungen passieren erst durch UV-Licht mit
einer Wellenlänge von 1/10.000 mm. Durch sogenannte Photo-
Dissoziation und Photo-Ionisation kommt es zur Desintegration
von Zellmolekülen, insbesondere in Zellen an der Hautober-
fläche. Solange nur Zellproteine davon betroffen sind, entsteht
lediglich Molekülmüll. Wird aber die DNA zerstört, wird es kri-
tisch. Wird nur ein DNA-Strang des Doppelstrangs gebrochen,
dann gibt es einen Zellreparatur-Mechanismus, der ihn wieder korrigiert. Ist die Intensität der UV-Strahlung (intensives
Sonnenbaden) aber sehr groß, können beide Stränge an gleicher
Stelle gebrochen werden, und die DNA kann nur fehlerhaft re-
pariert werden, was zu einer degenerierten DNA und somit zu
Hautkrebs führen kann.

Bei noch kürzeren Wellenlängen (Röntgenstrahlung und
Gammastrahlung) nehmen diese zerstörerischen Effekte zu. Das
bedeutet, ist man solcher Strahlung ausgesetzt, etwa bei einer
medizinischen Röntgen-Untersuchung, muss man unbedingt
darauf achten, dass die Dosis (Strahlungsintensität) und somit
die Defekte pro Zeiteinheit gering bleiben, sodass sich die DNA
defektfrei regenerieren kann.

Niederfrequenz-Wellen

Zum Schluss noch ein Wort zu Niederfrequenzwellen, NF-Wellen, also Wellen mit Frequenzen von weniger als 3 kHz, was
einer Wellenlänge von 100 km und länger entspricht. Sie kön-

nen von menschlichen Körpern zwar nicht absorbiert werden, aber sie können Körperzellen oder den ganzen Körper elektrisch polarisieren, was höherfrequente Strahlung nicht kann, weil dazu die Beweglichkeit von Ladungen in einer Zelle zu gering ist. In einer elektrisch polarisierten Zelle sind die elektrischen Ladungen gegeneinander verschoben. Jede Körperzelle, insbesondere die Nervenzellen, hat eine natürliche Polarisation durch Konzentrationsunterschiede von Natrium- und Kalium-Ionen. Daher kann dieser Polarisationseffekt von intensiven NF-Wellen biologisch relevant werden, insbesondere durch eine elektrische Beeinflussung von Nervenleitung. Die Problematik von 50 Hz Hochspannungsleitungen mit Spannungen über 10 kV in der Nähe von Wohnungen sollte man meiner Meinung nach daher nicht unterschätzen. Die Polarisationsfähigkeit von Stromleitungen im Haus mit lediglich 230 V ist demgegenüber vernachlässigbar gering, wenn auch nicht null. Letztere haben daher und definitiv keinen physikalisch schädlichen Einfluss. Ob ein Mensch sie spüren kann (sogenannte Elektrohypersensibilität) halte ich persönlich für schwer vorstellbar, jedenfalls sind Menschen, die das behaupten, damit bei Doppelblindtests regelmäßig durchgefallen.

»Durch Konvention gibt es Farbe,
durch Konvention Süße,
durch Konvention Bitteres,
in Wirklichkeit aber nur Atome und Leere.«

Demokrit (460–370 v. Chr.)
Griechischer Philosoph

ACHTUNG STRAHLUNG? – TEILCHENSTRAHLUNG

Was sind Strahlen? Wie gefährlich ist Strahlung
für den Menschen? Schauen wir uns dazu
jetzt die Teilchenstrahlen an.

Neben der in den letzten beiden Kapiteln besprochenen Wellenstrahlung gibt es noch die Teilchenstrahlung. Das ist der Fluss
von jeglichen massebehafteten, typischerweise atomaren Teilchen. Ob Teilchenstrahlung für uns gefährlich ist, hängt davon
ab, ob sie ihre Bewegungsenergie auf unseren Körper übertragen
und so zelluläre Schäden herbeiführen kann.

Es gibt drei Arten der Übertragbarkeit: elektrische, schwache
oder Kernladung. Die elektrische Ladung ist die bekannte Ursache für Haare, die uns beim Kämmen zu Berge stehen. Die schwache Ladung (ein ganz anderer Ladungstyp als die elektrische Ladung) eines atomaren Teilchens ist in der Tat so schwach, dass sie
bei Körperdurchgang keine Rolle spielt. So durchschlagen etwa
60 Milliarden Sonnen-Neutrinos pro Sekunde und Quadrat-
zentimeter unseren Körper, von denen kein einziges per schwa-
cher Wechselwirkung mit den Körperzellen kollidiert. Deren
Einfluss ist also absolut null. Die starke Ladung (die sogenannte
Farbladung) der Atomkerne ist jedoch groß genug, um Schäden
am menschlichen Körper zu verursachen. Schauen wir uns die
elektrische und starke Ladung genauer an.

Elektrisch geladene Teilchenstrahlen

Ist ein Teilchen elektrisch geladen, etwa in Alpha-Strahlen (geladene Heliumkerne) oder Beta-Strahlen (Elektronen) aus radioaktiven Zerfällen, dann führen ihre relativ starken elektrischen Felder auf mikroskopischen Dimensionen zu einer starken Wechselwirkung mit den Atomen der Körperoberfläche. Die Strahlungsteilchen werden dadurch stark abgebremst und praktisch sofort absorbiert. Dabei wird ihre Bewegungsenergie, die wegen der hohen Kernmasse bei Alphastrahlen sehr hoch ist, komplett auf die obersten Körperzellen übertragen. Außerdem entsteht bei der Abbremsung starke Bremsstrahlung, also Röntgenstrahlung, die, wie wir bereits wissen, Moleküle ionisieren und zerlegen kann. Alles in allem zerstören elektrisch geladene Teilchen beim Durchgang durch biologische Zellen die Zellmoleküle und damit auch die DNA.

Gerade die schweren Alphateilchen sind stark krebserregend. Darauf beruht die Gefährlichkeit von Plutonium und Polonium. Raucher sterben nicht am Teer einer Zigarette, sondern am radioaktiven Polonium des Rauches, der sich in der Lunge festsetzt und per Alphastrahlung genetische Defekte und so Lungenkrebs in den Lungenbläschen auslöst! Da elektrisch geladene Teilchen im Körper jedoch nur wenige Mikrometer Reichweite haben, können sie einen Klumpen Plutonium oder Polonium ohne Gefahr in der Hand halten, die Alphastrahlung wird in der toten Hornhaut gefahrlos absorbiert. Aber Plutonium oder Polonium, das mit der Nahrung aufgenommen wird oder als Staub in die Lungen gelangt, führt zu massiven Zellschäden.

Neutronen – neutral und selten

Dann gibt es noch die elektrisch neutralen Teilchen, die per Kernladung, also durch direkten Kern-Kern-Stoß wechselwirken. Dazu zählen zum Beispiel Neutronen. Neutronen sind

Kernteilchen, die beim radioaktiven Zerfall eines Atoms, etwa Uran, entstehen. Wenn sie auf einen Kern eines Zellatoms treffen, schlagen sie den Kern heraus und verändern somit ein Molekül. Daher sind schnelle Neutronen, sogenannte heiße Neutronen, etwa in einem Kernreaktor, biologisch stark wirksam und müssen mit Cadmium- oder Borplatten abgeschirmt werden. Langsame Neutronen, sogenannte kalte Neutronen, sind relativ ungefährlich, also zellbiologisch ziemlich irrelevant. Sie werden lediglich von Zellatomkernen abgelenkt und fliegen dann in eine andere Richtung weiter. Nur wenn sie in seltenen Fällen absorbiert werden, sind sie biologisch relevant.

Bei Teilchenstrahlung kommt es also ganz entscheidend auf die Teilchenmasse und Geschwindigkeit an. Je größer die sind, umso größer ist die kinetische Energie, die auf Zellmoleküle übertragen wird. Außer in Kernreaktoren (nicht außerhalb), kommen freie Neutronen praktisch nicht vor, daher spielen sie für uns keine Rolle.

Wirkung natürlicher Teilchenstrahlen

Welcher natürlichen Teilchenstrahlung sind wir ausgesetzt? Die Neutrino-Strahlung hatten wir bereits bei der Sonne besprochen. Obwohl uns so viele durchdringen, sind sie absolut harmlos. Von außen schlagen zudem noch Myonen als Sekundärstrahlung der kosmischen Strahlung auf unseren Körper ein und werden von ihm absorbiert. Myonen sind Leptonen, gehören wie die Elektronen zu den leichten Elementarteilchen, sind jedoch 200-mal schwerer als sie. Diese Myonen, zusammen mit den daraus entstehenden Protonen und Elektronen, machen etwa 30% der biologisch wirksamen Strahlung aus, die wir pro Jahr natürlicherweise abbekommen. Etwa 50% davon erhalten wir durch das radioaktive Radon in der Luft. Wenn Radon durch unsere Atmung in die Lungen gerät, kann es an der Oberfläche der

Lungenbläschen in Polonium zerfallen, das wie bei den Rauchern per Alphastrahlung Krebs auslöst. Die verbleibenden 40 % der jährlichen natürlichen Strahlung erhalten wir durch radioaktives Kalium-40, das wir über die Nahrung aufnehmen und das als Kalk in unseren Knochen langfristig gebunden wird. Die beim radioaktiven Zerfall von Kalium-40 entstehende Betastrahlung schädigt unsere Körperzellen und ist krebsauslösend. Zusammenfassend gilt: Unser Körper strahlt mehr und ist für uns krebsgefährlicher als die Strahlung eines Kernreaktors in 100 Metern Entfernung.

Erdstrahlen

Ach ja, und dann gibt es ja angeblich noch die Erdstrahlen. Bisher hat mir jedoch keiner sagen können, ob dies elektromagnetische Strahlen oder Teilchenstrahlen sind. Egal welche der beiden, es gibt keine Aussage darüber, wie viel Energie sie haben, etwa gemessen in Elektronenvolt. Erst dann ließe sich sagen, ob sie überhaupt gefährlich sein können. Da sie wissenschaftlich nicht nachweisbar und damit offensichtlich weder EM- noch Teilchenstrahlung sind, könnten sie nur etwas Drittes sein. Was genau konnte mir auch noch keiner sagen. Bis dahin sind Erdstrahlen für mich so etwas wie der Osterhase. Wenn man daran glaubt, erklären sie Phänomene, die es ansonsten gar nicht gibt.

»*Die Mathematik ist das Alphabet,*
mit dem Gott die Welt geschrieben hat.«

Galileo Galilei (1564–1642)
Physiker und Begründer der exakten Naturwissenschaften

WARUM WIR ALLE FALSCH ZÄHLEN

Wann begann unser heutiges 3. Jahrtausend?
Sie glauben am 1.1.2000 um 0 Uhr?
Falsch, denn richtig zählen will gelernt sein!

Beginnen wir mit einer ganz einfachen Frage: Wann ist Jesus Christus geboren? Gemäß Kirchenkalender am 25. Dezember (gefeiert in der Vornacht Heiligabend). So weit, so gut. Aber wenn unsere Zeitrechnung mit Christi Geburt beginnt, dann sollte doch auch unser Kalender n. Chr. (»nach Christi Geburt«) mit dem 25. Dezember des Jahres 1 beginnen. Tut er aber nicht. Er beginnt nach alter römischer Tradition mit dem 1. Januar des Jahres 1, denn »Januar« kommt vom lateinischen *ianua* der Römer und bedeutet »Tür« und somit Eintritt ins neue Jahr. Wann Christus wirklich geboren wurde, weiß übrigens kein Mensch, weil das Neue Testament darüber keine Auskunft gibt. Aus gutem Grund, denn der Geburtstag als Markstein des Lebens ist laut Kirchenvater Origines »heidnische Praxis«. Im Christentum gilt der (märtyrerhafte) Todestag als Geburtstag (dies natalis), nämlich für den Eintritt in das wahre, ewige Leben. Daher ist nur er bemerkenswert. Gefeiert wird im traditionellen christlichen Glauben daher kein Geburtstag, sondern der Namenstag, also der Gedenktag (meist der Sterbetag) des Heiligen gleichen Namens. Dass Jesus wahrscheinlich im Jahr 4 v. Chr. geboren wurde, lassen wir vorübergehend außer Betracht, weil das alles noch weiter verkomplizieren würde.

Dionysius Exiguus hat Schuld

Unser Kalender beginnt also mit dem 1.1.1. Damit beginnen auch die Probleme. Denn logischerweise müsste der erste Tag unserer Zeitrechnung der 1.1.0 sein. Warum? Da ist zunächst die verwirrende Zählweise. Wenn der erste Tag unserer Zeitrechnung der 1.1. ist, dann endete das 1. Jahr mit dem 1.1.2. Das erste Jahrzehnt endete folglich mit dem 1.1.11, das erste Jahrhundert mit dem 1.1.101 und das erste Jahrtausend mit dem 1.1.1001. Wann begann folglich das 3. Jahrtausend? Ergo mit dem 1.1.2001. Aber alle haben sie falsch gefeiert, nämlich am 1.1.2000, 0 Uhr. So kann sich eine ganze Menschheit irren: Die Zahl 2000 ist schön rund, also beginnt mit ihr auch das neue Jahrtausend. Alles hätte wunderschön gepasst, wenn der römische Abt Dionysius Exiguus (475–544 n. Chr.) im Jahr 523 n. Chr. (er erhielt damals den Auftrag vom Vatikan, den noch heute gültigen gregorianischen Kalender zu entwerfen) etwas logischer gedacht hätte.

… bis heute

Diese holprige Zählweise führt immer wieder zu Missverständnissen. Wenn das 6. Jahrzehnt des vergangenen Jahrhunderts mit dem 1.1.1961 begann und folglich mit dem 31.12.1970 endete, und wenn J. F. Kennedy (1917–1963) am 25. Mai 1961 sagte: »I believe that this nation should commit itself to achieving the goal, before this decade is out, of landing a man on the moon and returning him safely to the Earth«, dann hätte die NASA logischerweise bis zum 1.1.1971 Zeit gehabt, einen Amerikaner auf dem Mond zu landen. Trotzdem glaubten alle, sie müsste es noch vor dem Jahr 1970 schaffen, weil 1970 für uns intuitiv bereits zum neuen Jahrzehnt gehört.

Überhaupt, Jahrhunderte zählen! Warum zum Teufel nennt man den Zeitraum 1.1.1900 bis 31.12.1999 (eigentlich 1.1.1901 bis 31.12.2000 – Schuld daran hat Kaiser Wilhelm II.) das 20.

Jahrhundert und nicht das 19. Jahrhundert, wie man naiverweise annehmen würde? Man muss eben richtig zählen. Das 1. Jahrhundert begann mit dem 1.1.1 und endete mit dem 31.12.100, das 2. Jahrhundert ging vom 1.1.101 bis 31.12.200 usw. Daher ist das 20. Jahrhundert 1.1.1901 bis 31.12.2000. Das ist zwar logisch, aber auch ich stolpere jedes Mal darüber.

Das fehlende Jahr 0 ist ein Problem

Das zweite Problem mit dem ersten Tag 1.1.1 unserer Zeitrechnung ist, dass der Tag davor dann gemäß unserer Zeitzählung der 31.12.1 v. Chr. war. Warum ist das ein Problem? Nun, wie viele Jahre sind es dann vom 1.1.5 v. Chr. bis zum 1.1.5 n. Chr.? Genau, nicht 10 Jahre, sondern nur 9 Jahre. (Wer es nicht glaubt, bitte mit den Fingern nachzählen.) Weil es im römischen Zahlensystem und auch zu Zeiten von Dionysius keine Zahl 0 gab, und es auch für uns intuitiv kein Jahr 0 geben kann, führt das regelmäßig zu falschen Zeitberechnungen, auf die selbst Historiker immer wieder hereinfallen. Hätte Dionysius Exiguus also mit der rechnerisch logischen 1.1.0 begonnen, wäre alles roger gewesen: Historiker könnten für Zeitspannen ihrem Taschenrechner vertrauen: 5 + 5 = 10, und ein Jahrhundert begänne wie erwartet mit dem 1.1.x00 und ein Jahrtausend mit dem 1.1.x000.

Merke: Ganze Zahlen beginnen natürlicherweise mit der 1, aber ein Zahlenkontinuum, etwa Zeitdauern, logischerweise mit der Zahl 0!

Drei Tests fürs richtige Zählen

Hier nun die Testfrage, ob Sie es wirklich verstanden haben: Wenn Christus tatsächlich im Jahr 4 unserer Zeitrechnung (v. Chr.) geboren wurde, wie die meisten Historiker sagen, und wenn wir seinen Geburtstag wie im gregorianischen Kalender auf den 1.1. festlegen, wann begann dann das 3. Jahrtausend nach Christi

Geburt wirklich? Nehmen Sie sich Zeit, es ist nicht ganz einfach. Die richtige Antwort finden Sie am Ende des Kapitels.

Richtig zählen will auch über unseren Kalender hinaus gelernt sein. Frage: Wie viele Tage à 24 Stunden sind es vom 1.9.2000, 0 Uhr, bis zum 10.9.2000, 0 Uhr? Die richtige Antwort lautet natürlich 9 Tage (und nicht 10 Tage). Und wie viele Zaunpflöcke braucht man, um einen 10 Meter langen Zaun zu errichten, wenn der Abstand zwischen den Pflöcken 1 Meter ist? Richtig, 11 Stück. Aus demselben Grund ist die Anzahl ganzer Zahlen zwischen 0 und 10 elf und nicht zehn. Richtig zählen will halt gelernt sein.

Wie spät ist es?

Wir zählen jetzt Tagesstunden. Dabei gehen die Meinungen der Süddeutschen vom »Rest Deutschlands« ziemlich auseinander. Wenn ein Bayer auf die Frage »Wie spät ist es?« antwortet: »Es ist viertel 10«, dann meint er »viertel nach 9«. Ich als Nordlicht habe lange gebraucht, diese bayerische Stundenlogik zu verstehen. Aber wenn man es einmal verstanden hat, ist alles ziemlich logisch.

Die Logik geht so. Für »den großen Rest Deutschlands« ist 9 Uhr und 10 Uhr ein Zeitpunkt, nämlich der, wenn der große Zeiger auf 12 steht. Für die Bayern jedoch ist 9 Uhr die Zeitspanne zwischen den Zeitpunkten 9 Uhr und 10 Uhr. Bei denen ist folglich 1 Uhr die erste Stundenspanne des Tages von 0 Uhr bis 1 Uhr, 2 Uhr ist 1 Uhr bis 2 Uhr, usw. und schließlich 24 Uhr ist 23 Uhr bis 24 Uhr. Wenn der Bayer also sagt »viertel 10«, dann ist das für ihn der Zeitpunkt am Ende des ersten Viertels der 10. Tagesstunde, für Normaldeutsche also 9.15 Uhr. Aus dieser anderen Stundendenkweise der Süddeutschen leitet sich auch das allseits gebräuchliche aber verquere »halb 10 Uhr« ab. »Halb 10« bedeutet eben nicht »halb vor 10«, sonst könnte man ebenso gut

»halb (nach) 9« sagen. Die Logik dahinter ist eben die Bayern-
logik: »Halb 10« = »die Hälfte der 10. Tagesstunde«. Insofern
sind die Restdeutschen die Unlogiker, denn sie vermischen bei
der Folge der Zeitangaben »viertel nach 9«, »halb 10« und »viertel vor 10« Zeitpunkt-Denken mit Zeitspannen-Denken, obwohl
dies wohl kaum einem bewusst ist. Insofern sind die Bayern die
konsequenteren Logiker. Aber nur insofern!

Der wirkliche Beginn des 3. Jahrtausends

Und hier die Auflösung der Frage, wann wir den Beginn des 3.
Jahrtausends nach Christi Geburt eigentlich hätten feiern müssen. Wenn Christus am 1.1.4 v. Chr. geboren wurde, dann gilt
die Rechnung: 1.1.4 v. Chr. + 2000 Jahre = 1.1.1 n. Chr. + (1.1.4
v. Chr. bis 1.1.1 n. Chr.) + 2000 Jahre = 1.1.1 n. Chr. bis 4 + 2000
Jahre = 1.1.1 n. Chr. + 1996 Jahre = 1.1.1997. Und keiner hat's
gemerkt!

»*In einer Welt voll unerbittlichen Zufalls sucht der Mensch nach Vorsehung, Sinn und Ordnung.*«

Ulrich Walter

SO BERECHNET MAN FUSSBALLERGEBNISSE

Wissenschaftler haben Fußball-Statistiken genauer
untersucht und gezeigt, Fußball-Ergebnisse lassen
sich berechnen! Und so geht's ...

Sie sind Fußballfachmann? Dann sollten Sie ihr Wissen nutzen, um das wahrscheinlichste Ergebnis jedes Fußballspiels vor-
herzusagen! Denn die Mathematik hat ein Verfahren gefunden,
wie das geht. Vor ein paar Jahren haben Wissenschaftler von der
Universität Münster[20] die Statistik der Deutschen Bundesliga
von www.bundesliga-statistik.de genau analysiert und ein Fußballspiel als Poisson-Prozess charakterisieren können (Was das
genau ist, spielt hier keine Rolle, hört sich aber gut an, oder?)
und damit Fußballergebnisse berechenbar gemacht. Ich will
Ihnen die mathematischen Details ersparen, weil ich weiß, Sie
sind lediglich daran interessiert, wie man die Ergebnisse konkret
berechnet, und darum geht's hier. Um aber die Grenzen der Be-
rechenbarkeit zu kennen, sollte man wissen, wie und warum das
Ganze funktioniert. Ich versuche, es so einfach wie möglich zu
beschreiben.

---

20 Andreas Heuer, Christian Mueller, Oliver Rubner. *Soccer: Is scoring goals
a predictable Poissonian process?*, Europhys. Lett. 89, 38007 (2010)

Fußball ist Zufall plus Fitness

Die wesentliche Erkenntnis der Wissenschaftler ist, dass Fußball-
tore Zufallsergebnisse sind. Tore sind jedoch kein reines Würfelspiel, sondern werden von den fußballerischen Fähigkeiten der
Spieler, der sogenannten Teamfitness, beider Mannschaften beeinflusst. Zufall und Teamfitness zusammen bestimmen also
das Ergebnis. Erst diese Mischung macht Fußball so interessant,
ähnlich wie Skat oder überhaupt Kartenspiele. Die Faszination
von Kartenspielen liegt darin, dass die Karten im Einzelfall mal
besser und mal schlechter sind, es aber vom Geschick jedes Spie-
lers abhängt, was er daraus macht. So kommt es vor, dass kurz-
fristig Anfänger Spiele gewinnen, weil der Zufall es so will. Langfristig hat jeder Spieler aber gleich gute Karten, weswegen gute
Spieler Anfänger langfristig ausspielen.

Wir wissen heute, Fußball funktioniert nach demselben Prinzip. Ein Spielergebnis beinhaltet eine gehörige Portion Zufall, sodass jedes Spiel zwischen denselben Mannschaften sehr unterschiedlich ausfallen kann. Würde also Deutschland nochmals
gegen Brasilien spielen, könnte es auch 7:1 für die Brasilianer
ausgehen. Darüber sollten wir uns keine Illusionen machen. Erst
wenn Deutschland und Brasilien öfter kurz hintereinander spielen würden, würde sich der Zufall herausmitteln und aus dem
Torverhältnis ließe sich die genaue Teamfitness ableiten. Also
erst dann könnte man wirklich sagen, welche die bessere Mannschaft wäre.

Zufall plus Können = Poisson-Prozess

Mit diesem Wissen können Fußballergebnisse berechnet werden. Dazu muss man wissen, wie sich Zufall und Teamfitness zusammen auf geschossene Tore wirken. Die Antwort lautet: Wie
ein Poisson-Prozess. Der Zuwachs der Tore in einem Spiel verhält sich also wie ein poisson-verteilter Zufallsprozess. Zufälle

sind poisson-verteilt, wenn die Werte (hier Tore) diskret sind (hier natürliche Zahlen). Die bekanntere Gaußverteilung gilt nur für kontinuierliche Werte. So ist die Größe von Männern und Frauen eine Gaußverteilung über die positiven reellen Zahlen. Erst mit diesem Wissen lassen sich die Ergebnisstatistiken der Bundesliga als modifiziertes Würfelspiel beschreiben.

Teamfitness

Wie funktioniert dieses modifizierte Würfelspiel? Die Aussage der Wissenschaftler lautet: Ein Fußballspiel lässt sich beschreiben als ein Würfelspiel, in dem eine gewürfelte 6 einem Tor entspricht. Für jede Mannschaft darf gewürfelt werden. Wie oft hängt von deren tagesaktuellen Teamfitness ab. Sie beschreibt die Tagesform eines Teams. Die Tagesform bestimmt sich aus der mittleren Saisonfitness plus der aktuellen Tagesschwankung. Jetzt kommen die Statistiker ins Spiel. Sie sagen, wenn man jeder Mannschaft anfangs eine Saisonfitness von 1–10 zuordnet, dann kann eine Mannschaft mit Saisonfitness 10 an einem Tag um bis zu -3 bis +3 davon abweichen, während Teams mit Saisonfitness 1 maximal nur -1 und +1 schwanken. Daher gibt es für die absolut schlechteste aktuelle Fitness eine 0 und für die absolut beste Fitness eine 13. Die beiden Extremfälle bisher: Bayern München hatte in der Saison 2013/14 durchgehend eine 10+3 = 13 Fitness, der 1. FC Kaiserslautern durchgehend in 2011/12 nur eine 1–1 = 0 Fitness.

So machen Sie daraus die optimale Fußballwette

Jetzt kommt ihr Fachwissen ins Spiel. Sie vergeben für eine Saison der ersten Bundesliga jedem Team eine mittlere Saisonfitness von 1 bis 10 (ganze Zahl). Vor einem Fußballspiel zweier Mannschaften addieren sie dazu die Tagesfitness-Schwankung: -3 bis +3 für ein Team mit mittlerer Fitness 10, und -1 bis +1 für ein Team mit mittlerer Fitness 1. Insgesamt liegen dann die Tagesfitnesswerte zwischen minimal 0 und maximal 13 (ganze Zahlen).

Zu diesen beiden tagesaktuellen Fitnesswerten addieren sie nun jeweils die Zahl 4, was die Anzahl der Würfelwürfe für jedes Team ist. Wenn beispielsweise das Bundesligateam A mit Fitnesswert 2+1 gegen das Team B mit Fitnesswert 9–2 spielt, dann würfeln Sie 2+1+4 = 7-mal für A und 9–2+4 = 11-mal für B. Für jede gewürfelte 6 (und nur dann) notieren Sie ein Tor für die jeweilige Mannschaft. Alle so gewürfelten Tore aufaddiert ergeben das Spielergebnis.

Tipp: Sie können statt eines Würfels auch die Zufallsfunktion RND Ihres Taschenrechners benutzen. Da Zufallswerte zwischen 0 und 1 erzeugt werden, brauchen Sie das Ergebnis nur mit 6 multiplizieren. Zahlen zwischen 0,000 und 1,000 entsprechen dann einer gewürfelten 1, zwischen 1,001 und 2,000 einer 2, …, zwischen 5,001 und 6,000 einer 6.

Ein konkretes Beispiel: Für Bayern gegen Wolfsburg in der Saison 2021/22 vergebe ich aktuell 10+2=12 Fitnesswerte für Bayern (angesichts fehlender tieferer Fachkenntnisse nehme ich einfach die Ergebnisse der letzten Saison: Spitzenreiter 2020/21 → 10) und 8–2=6 für Wolfsburg (Platz 6 von 18 in Saison 2020/21 → 8). Mein Ergebnis für die 12+4=16 Bayern-Würfe und 6+4=10 Wolfsburg-Würfe ist ein 3:2 für die Bayern. Das ist also meine Vorhersage für das nächste Spiel der beiden Mannschaften.

Folgendes dürfte klar sein. Ganz entscheidend für das Ergebnis ist Ihre Einschätzung der Teamfitness. Jeder Fußballprofi hat hier sicherlich sein gutes Gespür. Außerdem, trotz gleicher Fitnesswerte kann jede Würfelrunde zu ziemlich anderen Ergebnissen führen. Wie beim wirklichen Spiel spielt Kollege Zufall halt immer mit. Eines wissen Sie aber jetzt genau: Ein Ergebnis nach obigem System ist im Mittel besser als jede andere Wette. In diesem Sinne spielen Sie wie beim Kartenspiel mit der richtigen Fitnesswerteinschätzung jeden anderen Wettspieler, der nicht nach diesem System spielt, langfristig aus.

»*Ich denke, es ist wesentlich interessanter,
im Bewusstsein des Nicht-Wissens zu leben,
als mit fertigen Antworten,
welche falsch sein könnten.*«

Richard Feynman (1918–1988)
US-amerikanischer Physiker und Nobelpreisträger 1965

DIE GRENZEN DER WISSENSCHAFT

Es gibt mathematische Probleme, die hören sich zwar einfach an, sind aber extrem schwierig und bis heute ungelöst. Etwa die Collatz-Vermutung. Dabei handelt es sich scheinbar nur um Zahlenspielerei, tiefgründig aber geht es um die Frage: Was kann Wissenschaft wissen?

Die Collatz-Vermutung

Die Collatz-Vermutung (vorgelegt im Jahr 1937 vom deutschen Mathematiker Lothar Collatz, 1910–1990) ist einfach beschrieben. Es geht um Folgen natürlicher Zahlen, die Collatz-Folgen $C(n)$, die folgendermaßen gebildet werden: Wähle eine beliebige natürliche Zahl n. Falls n gerade ist, teile sie durch 2, bilde also $n/2$. Falls sie ungerade ist, multipliziere sie mit 3 und addiere 1, um $3n+1$ zu erhalten. Wiederhole diesen »Hälfte oder dreifach plus ein«-Prozess beliebig lange. Die Collatz-Vermutung besagt: Jede Collatz-Folge $C(n)$ erreicht irgendwann die Zahl 1. Hier zwei Beispiele:

$C(11)$: 11, 34, 17, 52, 26, 13, 40, 20, 10, 5, 16, 8, 4, 2, 1

$C(27)$: 27, 82, 41, 124, 62, 31, 94, 47, 142, 71, 214, 107, 322, 161, 484, 242, 121, 364, 182, 91, 274, 137, 412, 206, 103, 310, 155, 466, 233, 700, 350, 175, 526, 263, 790, 395, 1186, 593, 1780, 890, 445, 1336, 668, 334, 167, 502, 251, 754, 377, 1132, 566, 283, 850, 425, 1276, 638, 319, 958, 479, 1438, 719, 2158, 1079, 3238, 1619, 4858,

2429, 7288, 3644, 1822, 911, 2734, 1367, 4102, 2051, 6154, 3077, 9232, 4616, 2308, 1154, 577, 1732, 866, 433, 1300, 650, 325, 976, 488, 244, 122, 61, 184, 92, 46, 23, 70, 35, 106, 53, 160, 80, 40, 20, 10, 5, 16, 8, 4, 2, 1

Und so geht es mit den C(n) aller n. Mit einem Computer hat man gezeigt, dass die C(n) für alle Startwerte bis n = $5 \cdot 2^{60}$ = $5{,}675 \cdot 10^{18}$ diesen Absturz nach 1 erleiden und für diesen Zahlenbereich die Collatz-Vermutung bestätigen. Aber eben nicht für alle natürlichen Zahlen.

Statistische Betrachtungen

Man beachte, dass 3n+1 immer eine gerade Zahl sein und darauf die Zahl (3n+1)/2 folgen muss. Erst (3n+1)/2 kann wieder gerade oder ungerade sein, was entscheidet, ob es mit n/2 oder 3n+1 weitergeht. Berücksichtigt man diese Eigenschaft und bezeichnet die so reduzierte Folge als T(n), dann ist etwa:

T(27): 27, 41, 62, 31, 47, 71, 107, 161, 242, 121, 182, 91, 137, 206, 103, 155, 233, 350, 175, 263, 395, 593, 890, 445, 668, 334, 167, 251, 377, 566, 283, 425, 638, 319, 479, 719, 1079, 1619, 2429, 3644, 1822, 911, 1367, 2051, 3077, 4616, 2308, 1154, 577, 866, 433, 650, 325, 488, 122, 61, 92, 46, 23, 35, 53, 80, 40, 20, 10, 5, 8, 4, 2, 1

Erst die Zahlen einer T(n)-Folge sind gleichermaßen gerade wie ungerade, wodurch sich statistische Betrachtungen leichter machen lassen. Demnach muss der mittlere Wachstumsfaktor nach zwei konsekutiven T(n)-Schritten $[(3n+1)/2]^*[n/2]/n^2 \approx \frac{3}{4}$ sein. Dieses sehr einfache statistische Argument besagt also, dass die Zahlen von T(n) und somit auch die der Collatz-Folge C(n) langfristig abnehmen sollten. Mehr noch, bei diesem Herumspringen

der Folgen in den natürlichen Zahlen trifft jede Folge irgendwann einmal auf eine Potenzzahl von 2, also 2, 4, 8, 16, 32, 64 ....
So trifft im obigen Beispiel T(27) auf 8. Wenn sie in diese Falle
tritt, dann ist ihr schnelles Ende bei 1 offensichtlich besiegelt.
Eine detailliertere Statistik besagt, dass für sehr große n eine
mittlere T(n)-Folge zunächst aufsteigt, nach $7{,}645 \cdot \ln(n)$ Schritten ihr Maximum von etwa n^2 erreicht, um schließlich nach insgesamt $21{,}55 \cdot \ln(n)$ Schritten ihr Ende zu finden. So wächst die
Folge T(1.980.976.057.694.878.447) nach etwa 400 Schritten zunächst auf etwa 10^{37} an, um erst nach über 900 Schritten auf 1
abzustürzen. Diese Folge zeigt aber auch, dass konkrete Folgen
durchaus von der Statistik abweichen können, denn in diesem
Fall wird das Maximum nicht nach 322, sondern erst nach etwa
400 Schritten erreicht. Von solchen Abweichungen leben die
Rekordhalter. Die heute bekannte Folge, die am längsten durch-
hält, hat den Startwert n = 7.219.136.416.377.236.271.195. Erst
nach $1848 = 36{,}72 \cdot \ln(n)$ Schritten findet T(n) bei 1 ihr Ende.
Aber auch für solche Abweichler hat die Statistik Aussagen parat.
So dürfte es keine Folge geben, die mehr als $41{,}68 \cdot \ln(n)$ Schritte
bis zu ihrem Ende braucht.

Scheinbare Beweise

Es mag kleinere oder größere Abweichungen von der Statistik
geben, so ist eben Statistik. Aber ist die Gültigkeit dieser Statistik nicht der Beweis für die Collatz-Vermutung? Nein, ein sta-
tistisches Argument ist kein Beweis. Denn es könnte vielleicht
eine Folge T(n) geben, für die das Verhältnis von ungeraden zu
geraden Folgezahlen größer als $1/(\ln(3)/\ln(2) - 1) = 1{,}7095 \ldots$
ist. Dann, so wurde bewiesen, würde diese T(n) unendlich an-
wachsen. Tatsächlich lassen sich Startwerte n zu beliebig kons-
truiert ansteigenden, endlichen Collatz-Folgen bestimmen. All
das ist aber wiederum kein Beweis für die Existenz einer Folge,

die dem Sturz auf 1 entkommt. Auch das Argument, es gäbe unendlich viele Potenzzahlen von 2, so dass jede Collatz-Folge irgendwann einmal so eine Potenzzahl treffen müsste und damit ihr Ende besiegelt sei, sticht nicht. Es gibt nämlich auch unendlich viele ungerade Zahlen, weswegen eine Collatz-Folge trotz der unendlich vielen geraden Potenzzahlen beliebig herumhüpfen könnte, ohne in die Potenzfalle zu tappen.

Selbst wenn man akzeptiert, dass eine Folge nicht beliebig ansteigt, so gäbe es doch die Möglichkeit, dass eine Folge zufälligerweise irgendwann einmal auf eine frühere Zahl der Folge trifft. Dann wäre die Folge zyklisch und würde so die Collatz-Vermutung widerlegen. Tatsächlich schließt die Collatz-Vermutung die unendliche Zunahme und das zyklische Verhalten kategorisch aus, sondern besagt schlicht: Das Ende ist immer die Eins. Basta.

Erst in der Mitte der 1970er-Jahre haben sich Mathematiker mit der Collatz-Vermutung ausführlich befasst, aber bisher keinen Beweis gefunden. Dies gilt auch für die neuerliche Abhandlung von Prof. Gerhard Opfer von der Universität Hamburg aus dem Jahr 2011. Er selbst korrigierte im Vorabdruck seiner Veröffentlichung seine ursprüngliche Beweisbehauptung mit den Worten: »… the statement that the Collatz conjecture is true has to be withdrawn, at least temporarily«, was bedeutet, er versucht einen gravierenden Fehler in seiner Beweiskette auszumerzen – bisher ohne Erfolg.

Der Stachel des Collatz-Problems

Bis hierher könnte man das Collatz-Problem als Feld-Wald-und-Wiesen-Problem abtun. Tatsächlich könnte es aber der Schlüssel zu einem grundsätzlicheren Problem sein. Ein gewisser John H. Conway konnte im Jahr 1972 zeigen, dass es eine verallgemeinerte Collatz-Folge gibt, in der n/2 und (3n+1)/2 durch n/k und (3n+1)/k ersetzt wird, die sich auf den Algorithmus einer sogenannten Turing-Maschine abbilden lässt, was die mathematische Identität der beiden Probleme bedeutet. Davon wiederum weiß man, dass die Frage, ob es zu einem Ende des Algorithmus kommt (sogenanntes Halteproblem) nicht generell entscheidbar ist. Es könnte nun also gut sein, dass nicht nur die Lösung dieser bestimmten verallgemeinerten Collatz-Folge unentscheidbar ist, sondern auch die einfachere Collatz-Vermutung. Damit hätte man ein besonders einfaches Beispiel eines unentscheidbaren Problems. Ein anderes, sehr einfaches Problem, von dem man ebenfalls annimmt, es sei unentscheidbar, ist die Goldbachsche Vermutung, dass nämlich jede gerade Zahl größer als 2 als Summe zweier Primzahlen geschrieben werden kann.

Dass es überhaupt mathematische Probleme geben kann, die unentscheidbar sind – was die Aussage des ersten Unvollständigkeitssatzes von Kurt Gödel (1906–1978) ist, der damit in die Annalen der Mathematik einging – war ein Dolchstoß für die Mathematik in den 30er-Jahren des vergangenen Jahrhunderts. Es war nämlich damals der große Traum des Hilbertprogramms, die Entscheidbarkeit aller mathematischen Probleme zu beweisen. So großartig und gnadenlos logisch die Mathematik auch ist, dies ist ihre Achillesferse, von der wir bereits heute wissen, dass sie sie für immer behalten wird.

AUTORENVITA

Univ.-Prof. Prof. h. c. Prof. cs. Dr. rer. nat. Dr. h. c.
Ulrich Walter
Diplom-Physiker
Wissenschafts-Astronaut

Herr Ulrich Walter, Jahrgang 1954, ist Ordinarius am Lehrstuhl für Raumfahrttechnik an der Technischen Elite-Universität München.

Nach dem Studium der Physik an der Universität Köln verbrachte er ein Jahr am US-Forschungslabor Argonne National Laboratories, Chicago, danach ein Jahr als Postdoc an der University of California, Berkeley. Von dort wurde er im Jahr 1987 ins deutsche Astronautenteam berufen und trainierte bis zu seiner Shuttle-Mission D-2, 26. April bis 6. Mai 1993, am Deutschen

Zentrum für Luft- und Raumfahrt, DLR, in Köln-Porz und am Raumfahrtzentrum der NASA in Houston.

Im Jahr 1994 ging er als Projektleiter des Großprojektes »Deutsches Satellitendatenarchiv« an das Deutsche Fernerkundungs-Datenzentrum der DLR nach Oberpfaffenhofen bei München. Im Jahr 1998 wechselte er als Program-Manager zum IBM Entwicklungslabor in Böblingen, wo er als Projektleiter und Lead Consultant für die Entwicklung und Consulting für IBM Software Produkte zuständig war.

Seit März 2003 leitet er den Lehrstuhl für Raumfahrttechnik an der Technischen Universität München und lehrt und forscht im Bereich angewandte Raumfahrttechnologie und Systemtechnik. Seine Schwerpunkte sind Echtzeit-Robotik im Weltraum und Service-Robotik, insbesondere Robotikassistenz für ältere Menschen (Geriatronik). Er forscht und lehrt Systems Engineering, die Erfahrungswissenschaft der Entwicklung und Optimierung komplexer Produkte und Prozesse in Unternehmen. Als ausgebildeter Project Manager berät er darin Unternehmen weltweit, insbesondere im Bereich Qualitäts- und Risikomanagement.

Herr Walter ist Autor von sieben Büchern, darunter der Bildband über seine Shuttle-Mission *In 90 Minuten um die Erde* und die drei Spiegel-Sachbuch-Bestseller *Im Schwarzen Loch ist der Teufel los (2016)*, *Höllenritt durch Raum und Zeit (2017)* und *Eine andere Sicht auf die Welt (2018)*. Er veröffentlichte über 100 Fachartikel in internationalen Zeitschriften, ist Publizist von Raumfahrtartikeln und schrieb von 2013 bis 2016 wöchentliche Kolumnen auf N24.de jetzt Welt.de. Von 1998 bis 2003 moderierte er die Wissenschaftssendung MaxQ beim Bayrischen Fernsehen, von 2011 bis 2012 die Sendung *Unterwegs durchs All mit Ulrich Walter* und verschiedene Sondersendungen auf dem National Geographic Channel. 2013 moderierte er die Sendung *Hubble*

Mission Universum auf ServusTV. Seit September 2016 moderiert er die populärwissenschaftliche Dokumentationsreihe *Spacetimes* im WeltTV-Abendprogramm.

Ulrich Walter ist unter anderem
- Consultant Professor der Northwestern Polytechnical University, Xi'an, China
- Träger des Verdienstkreuzes erster Klasse der Bundesrepublik Deutschland
- Träger der Goldenen Wernher-von-Braun-Medaille
- Träger des Bayerischen Verdienstordens
- Mitglied des Bayerischen Ethikrates
- Präsident des Hermann-Oberth-Museums in Feucht
- Mitglied des Kuratoriums des Deutschen Museums
- Schulpate der gleichnamigen Ulrich-Walter-Schule in Ludwigsburg
- MINT-Botschafter www.mintzukunftschaffen.de/prof-ulrich-walter

Ihm wurde verliehen die
- Ehrenprofessur der Nationalen Pädagogischen Dragomanov Universität der Ukraine
- Ehrendoktorwürde der Nationalen Technischen Universität der Ukraine, Kiew

Er wurde bundesweit zum Professor des Jahres 2008 in der Kategorie Ingenieurwissenschaften und Informatik gewählt.